精華版

咖啡・Espresso 教科書

咖啡吧台師傅開店必備
沖煮、烘焙、咖啡機的全面技術
THE TEXT COFFEE AND ESPRESSO

U0073401

CONTENTS

Technique and Technology
沖煮、烘焙、咖啡機的全面技術

CONTENTS

Drip Coffee

濾紙與法蘭絨濾網的基本技術與應用

Paper Drip

以濾紙沖煮的基本技術

Bach咖啡廳　田口護

1 將濾紙的側邊與底部互相折為相反方向,並把底部兩端折向內側,壓出寬度。

3 咖啡粉漂亮地鼓起後,放置悶蒸20~30秒。此時急著倒水就會過度膨脹而出現裂痕。

2 放進一人份10克的咖啡豆,輕搖攤平,注入第一次熱水。此過程稱為悶蒸。

第一次注水

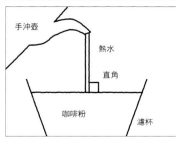

手沖壺　熱水　直角　咖啡粉　濾杯

放低手沖壺的壺嘴,從中間以「の」字形往外畫圓,慢慢注水。此時的秘訣在於水柱要跟咖啡豆垂直。

倒水的姿勢

倒水時要將慣用手與另一邊的腳往前擺,手肘放鬆,用整個手臂畫圓。

只要抓到基礎要領，任誰都能用濾紙沖煮出一杯好喝的咖啡。此時重點在於濾紙要裝好，不要讓它掀起來，熱水沸騰後要降到82～83℃再注入咖啡。咖啡豆最好是烘焙過後3天以上、2週以下者。

4 將水從中央倒入，咖啡豆鼓起後再以「の」字形往外繞圈。豆子越新鮮，鼓起的狀態越漂亮。

第二次注水

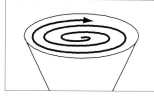

5 此時的重點是別將水倒在邊緣，因為濾紙是靠邊緣當作過濾層沖煮咖啡。

將熱水倒在「咖啡牆」的內側

6 要在第二次的水還沒完全滴光前倒入第三次熱水。若咖啡豆完全沈到底會帶出澀味。

第三次注水

此後注水也是一樣畫圓。因為咖啡的雜質會逐漸釋放，所以倒水的速度要逐步加快。

7 在到達所需的沖煮量前，反覆注水。最後，在熱水還尚未滴光就得把濾杯移開咖啡壺。如果濾紙的中央留下漂亮的咖啡渣，就代表沖煮得相當成功。

沖煮一人份150ml Bach綜合咖啡
□咖啡豆10克（哥倫比亞、瓜地馬拉、巴西、其他一至兩種／中研磨）

這杯Bach綜合咖啡的特徵在於均衡的酸、苦、甜味，口感澄澈。

Bach咖啡廳 東京都台東區日本堤1-23-9 TEL03（3875）2669

Paper Drip

連續沖煮單杯的濾滴式咖啡

CAFFÈ BERNINI　岩崎俊雄

首先要學會單杯沖煮的方法

『CAFFÈ BERNINI』的老闆岩崎俊雄從事咖啡業三十多年，他認為「無論用什麼沖煮方式，最棒的就是單杯沖煮」。他以正確的方式烘焙品質優良的生豆，再精準地一杯杯沖煮，提供客人好喝的咖啡。要達成這項工作，首先得有紮實的基礎。

岩崎店中的基本沖煮方式如下：一杯以濾紙沖煮的咖啡，要以13.5克的中研磨咖啡粉配上82～83℃的熱水，沖煮時間為1分35秒，沖煮量為135ml。在沖煮美味咖啡的條件中，岩崎先生特別重視沖煮

連續沖煮四杯

1

將100℃的滾水倒入手沖壺，讓它降至82～83℃。這時一定要以溫度計測量。

2

裝好濾紙、放進研磨過的咖啡豆。用手輕敲濾杯，讓咖啡粉攤平。

3

第一次注水。在悶蒸兩次後，以一定的節奏倒水。

4

將濾滴在壺中的咖啡放到爐子上，重新加熱至70～73℃。

5

將熱好的咖啡倒入杯中，以湯匙舀取表面的泡沫。

試喝

在重新加熱咖啡前，岩崎先生會先行試喝。為了微調明天烘焙的咖啡豆，這是不可或缺的步驟。

CAFFÈ BERNINI 的吧台配置圖

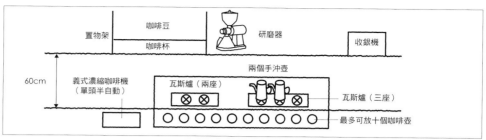

為了獨力完成檯臺的工作，岩崎先生想出方便自己行動的配置。咖啡從研磨、沖煮，再送至收銀台前，所有的工作動線都十分流暢。

量、沖煮時間與咖啡粉的量，他稱此為「CAFFÈ BERNINI的1、3、5沖煮法」，以此傳授給店裡的學徒。

吧檯的配置與沖煮的準備都很重要

如前所述，這間店的基本原則是單杯沖煮，但要開門做生意就不能讓客人久等，因此需要連續沖煮的技術。即便遇到這種情況，只要單杯沖煮的技術夠紮實，就能因應狀況隨機應變。岩崎先生認為自己一次頂多能沖出四杯口味精準的完美咖啡。連續沖煮四杯的過程如左頁所述，要「將吧檯當舞台」，手腳俐落地沖煮咖啡。

為了能專心沖煮咖啡，也必須齊備外在條件。店內設置了「一人吧檯」（參照上圖），其中的工具與佈置，可讓人以最少的動作迅速完成各項工作。此外也必須建立沖煮的標準流程，沖煮後要立刻清洗用具、將濾杯放到定位，並事先裝上濾紙。像這樣備齊了沖煮咖啡的外在條件，一次湧入許多客人的時候也能應付自如。在連續沖煮上，也能迅速給客人美味的咖啡。

此外，岩崎先生強調「在連續沖煮時，也不能忘記咖啡專賣店的特色」。除了咖啡豆一次只能研磨一杯的量以外，還要掌握客人的喜好，替每位客人調整濃淡與溫度，甚至還要留心咖啡杯的選擇。

岩崎俊雄先生是經過SCAJ（日本精品咖啡協會）認證的咖啡師（Coffee Meister）。他在大型咖啡公司工作之後，為了讓更多人知道咖啡真正的美味，於是在東京的板橋區開了自家烘焙的咖啡店『CAFFÈ BERNINI』。細心的手沖咖啡有清爽的口感，毫無令人生厭的酸味及澀味，受到廣泛好評。

CAFFÈ BERNINI 東京都板橋區志村3-7-1 TEL03（5916）0085

Frannel Drip

以法蘭絨濾網沖煮的基本技術

蘭館咖啡屋　鎌田幸雄

以法蘭絨濾網沖煮時的用具

1 兩種手沖壺。

煮水壺與注水壺要分開

在咖啡的沖煮技術中，注水的溫度控管相當重要。將煮沸的水倒入注水專用的壺中，比較好管控溫度。手沖壺皆為不鏽鋼或琺瑯製。

2 關於法蘭絨濾網。

毛絨面做外側

如果將起毛那面做內側，咖啡的油脂跟細粉就會沾附在上面，法蘭絨的網眼很快就會堵塞。為了順利沖煮，要把起毛的那面當外側。

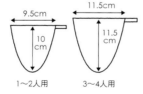

9.5cm　　11.5cm

10 cm　　11.5 cm

1～2人用　　3～4人用

濾網無法「大小通吃」

不管是沖煮一人份或三人份，咖啡粉在絨網中浸泡的時間都得一樣，否則無法沖出口味相同的咖啡。因此濾網要選擇大小適中者。

新的法蘭絨濾網要先煮沸再使用

有些新的絨網有洗潔劑，因此使用前要以水煮去除。

握住濾網再轉動把手，將濾網扭緊。小心扭太用力會破壞網眼。

3 沖架的功用。

法蘭絨濾網跟濾紙不同，當裝在咖啡壺時，其間必須放置咖啡沖架，否則無法順利沖煮出好咖啡。

需要沖架的原因

如果將法蘭絨濾網直接裝在咖啡壺上，咖啡會從濾網跟壺身的接觸面流出。

法蘭絨濾網的下端會泡在濾出的咖啡中，這種情況就像水煮咖啡。

無論是帶苦味或酸味的咖啡豆，以法蘭絨濾網都可以輕鬆沖出適當的口味。雖然很難每次都沖出一致的味道，不過它的精髓就在於能夠沖煮自己所要的口感。每次沖煮後要立刻清洗法蘭絨濾網，不要讓它乾掉。

1 倒入咖啡粉，在中央用湯匙壓出小凹洞。

注水溫度為80℃，手沖壺的水為七分滿。

2 將熱水倒在中央的咖啡粉上。雖然水量很少，但咖啡粉會吸收熱水而膨脹，滲透到整體之中。讓它悶蒸60秒。

第一次注水

3 表面產生裂縫時從中央注入細小水流，由中間依順時鐘方向畫圓，慢慢往外繞，再從外側往中央畫圓繞回來。

第二次注水

水溫太高 泡沫會變大

如果水溫高於80℃就不會有細緻的泡沫，而是大顆泡泡摻雜其中，如果水溫太低則不會起泡。每次注水時間要在十秒以內，如果袋中溫度太高，就會把澀味一起沖煮出來。

不要將水倒在邊緣的 15～20mm處

在注水時，直到最後都不能沖垮跟布面直接觸的「咖啡牆」，否則沖煮會不均勻。

4 熱水流入下壺產生凹洞時，再從中間倒水，手法與第二次注水相同。第三、四次注水時，水量要短且大。

第三、四次注水

5 若沖煮的量不夠，可注水第五次。在咖啡泡還浮著時要把濾網移開。標準的沖煮時間約為三分鐘半。

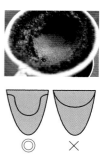

只要保持一定的注水時間與距離，就能沖出穩定的口感。若咖啡粉呈現中央凹陷、左右對稱的狀態，便代表沖得很好。

沖煮兩人份280ml
□重烘焙咖啡豆34克（曼特寧風味／粗研磨）

光有明顯苦味且深黑色的咖啡，不算重烘焙咖啡。真正的重烘焙能使人在苦味中感受到甘甜與烘焙的香氣，有相當圓潤的口感。顏色也清澈且富有光澤。請一邊注水一邊想像它的口味。

以法蘭絨濾網沖煮（冰咖啡）

1 步驟與其他綜合咖啡相同，將咖啡粉放進法蘭絨濾網中，再以湯匙尖端在中央壓出凹洞。

注水溫度為85℃。

2 倒出細細的水柱，彷彿讓水飄在咖啡粉上，邊倒水邊以「の」字形繞圈。讓熱水滲透所有咖啡粉，這時只會有一、兩滴透過濾網滴出。

第一次注水

靜置60秒，直到表面產生裂縫。

3 在咖啡粉中央注入細細的水柱。這時會產生細緻的泡沫，要順時鐘繞圈，像把泡沫擴散開一樣。

第二次注水
第三、四次注水

在泡沫還沒完全凹陷時，倒入第三、第四次熱水。

4 倒完第四次的水，趁泡沫還浮著時移開濾網，冰鎮整個咖啡壺。大致涼了之後，倒進放有冰塊的玻璃杯。冰咖啡的美味在於入喉的口感跟怡人的香味。

冰咖啡
沖煮兩人份300ml
□重烘焙咖啡豆40克（曼特寧風味／細研磨）

雖然沖煮時用的豆子與11頁相同，但製作冰咖啡時最好讓苦味更明顯地展現出來。注水時要細細倒入。

以法蘭絨濾網沖煮（淡咖啡）

注水溫度為83℃。

悶蒸45秒。

淡咖啡
沖煮兩人份300ml
□重烘焙咖啡豆30克（哥倫比亞風味／中研磨）

『藍館咖啡屋』的淡咖啡，比起
重口味咖啡多了點淺烘焙的圓潤
口感。

以法蘭絨濾網沖煮（美式咖啡）

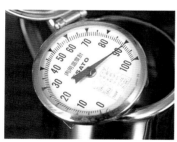

注水溫度為90℃。

悶蒸30秒。

美式咖啡
沖煮兩人份300ml
□重烘焙咖啡豆24克（哥倫比亞風味／粗研磨）

為了沖出它特有的酸味，咖啡粉
採用粗研磨、注水三次、迅速沖
煮（約兩分鐘）。因為這杯咖啡
著重香氣的享受，因此也要選擇
適當的杯子。

藍館咖啡屋　大阪府大阪市中央區北濱3-1-6 TEL06（6222）0321

Frannel Drip

展現出綜合咖啡中每一種咖啡豆風味的沖煮法

杉山台工坊 Sugiyamadai-Works 北川 整

杉山台工坊的老闆北川整，每天烘豆時會思考如何做出理想的綜合咖啡。他所謂的理想風味，就是北川先生尊為師父的仙台「AS TIME」咖啡師——鈴木輝夫先生所沖煮的咖啡。鈴木先生會思考每一種綜合咖啡最好喝的濃度，再觀察生豆每天的狀況，改變咖啡豆的組合與烘焙的程度，製作輕、中、重三種口味的綜合咖啡。

在北川先生的綜合咖啡中，他的調配方法可以發揮每種生豆的特色，這種作法便是傳承自鈴木先生對於咖啡的思考方向。

理想的咖啡，第一步就是在烘焙前想好當天咖啡豆的配方。他會觀察生豆的狀態，個別烘焙咖啡豆，挑去壞豆後以法蘭絨濾網各沖煮30克試喝。如果此時咖啡的風味與設想中的不同，就要調整咖啡豆的配方。做出想像中的風味後就放進大盆中混合。混合的咖啡豆放置數小時讓二氧化碳散去後，再以法蘭絨濾網沖煮來檢查口味。如果口味不如想像，就烘焙調整用的豆子加進去修改。

把烘焙好、風味如同設想中的豆子放一個晚上後再試喝。有時中口味與重口味的綜合咖啡會因為養了一晚，使提味的口感變得太輕或太重，這時就要加入烘焙過的豆子加以調整。例如想要加重口味，就加入曼特寧；想要產生溫潤口感或風味的深度，就加入巴西或瓜地馬拉、肯亞的豆子；想要增添香氣就加入馬塔里摩卡，像這樣把綜合咖啡調成自己設想的味道。

我們採訪時的中口味綜合咖啡，就是調有20%哥倫比亞特級（SUPREMO）中烘焙3、20%的中深烘焙2、30%的衣索比亞Sidamo中深烘焙1；20%的巴西勝多司（Santos）完熟中烘焙3；以及10%蘇門答臘曼特寧G1中深烘焙3，共3公斤的綜合咖啡。

綜合咖啡的精髓在於利用不同的咖啡豆創造獨特口感。北川先生與師父鈴木先生相同，為了讓提味用的咖啡豆能夠明顯展現出風味，每次沖煮會使用四杯份45克的豆子。因為只用10克的話，提味用的豆子便只有兩三顆，難以展現它的味道。

一次沖煮四人份的咖啡

1

將45克細研磨咖啡粉倒入法蘭絨濾網中。輕敲濾網邊緣,將咖啡粉攤平,藉此平均濾網內咖啡粉的密度,使熱水可以滲透所有咖啡粉。

2

第一次注水的水柱要細,進行悶蒸。沸騰的滾水要先倒進手沖壺,等到水溫降至85℃再注入。

3

不要移動手沖壺,而是將濾網從中心往外畫圓,讓熱水滲透所有咖啡粉,使咖啡粉像包子一樣鼓起來。因為濾網內的咖啡粉會由靠近自己那側開始膨脹,因此要把濾網往左手邊傾斜,像時針從十二點指向九點一樣(右側照片)。水柱要細,在中央開出一條讓熱水精華滴落的路線。注水時不要沖到邊緣的咖啡粉,否則沖煮不完全的咖啡液會順著濾網邊緣滴落。

4

第一次注水60秒後,咖啡的精華已經有兩、三滴流進下壺,此時悶蒸便告完成。

5

第二次注水會沖煮出咖啡的主要成分,此步驟佔了沖煮流程的80%。利用悶蒸時咖啡精華滴落的路線,注水時要像右圖,將濾網由中心向外以螺旋狀往下移。當水柱已經繞到外側時,就要像螺旋逆向環繞一樣,往中心繞上去。為了不讓多餘的空氣跑進蒸熱的咖啡粉,倒水時要讓注水口靠近咖啡粉。如果空氣跑進咖啡粉,就會再開出一條滴落的路線,咖啡會因此變淡。沖煮230ml的咖啡後,第二次注水便告結束。

在腦中想像出一個圓錐

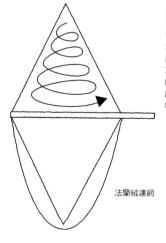

法蘭絨濾網

在悶蒸過程裡將中間部分開拓出熱水行經的路線後,熱水就會藉著重力,沿著近似圓錐狀的咖啡粉層層往中心滴落。在第二次注水開始,要配合這個圓錐形以螺旋方式注水,讓熱水一邊滲透所有咖啡粉,一邊往中間滴落。

第三次注水,這次要調整咖啡的濃度。要領跟第二次注水一樣,並緩慢注入較粗的水柱。沖煮出350ml便告結束。

第四次注水,沖煮方式跟第三次一樣。因為現在只能沖出較淡的咖啡,因此水柱不要停留在同一處太久。沖煮到450ml便告結束。

當濾網內還有咖啡時便把它從下壺移開,如果濾到最後一滴,就會摻雜澀味與雜質。

濾滴下來的咖啡上層淡、下層濃;溫度也是上層高、下層低。為了平均濃度跟溫度,要將咖啡倒入別的壺中,重覆三次。

老闆會將降到70℃的咖啡加熱至90℃給客人享用。因為咖啡已經加熱到適溫,所以使用保溫效能良好的厚實咖啡杯即可,不必另行溫杯。

鎌倉的「杉山台工坊」有特製的中、輕、重口味綜合咖啡,以及綜合濃縮咖啡這四種特殊的綜合咖啡,為自行烘豆的咖啡專賣店。客人可以享受到法蘭絨濾滴的咖啡與濃縮咖啡。

杉山台工坊 Sugiyamadai-Works 神奈川縣鎌倉市大町1-2-19 TEL0467(25)3917

My Coffee Theory

濾滴式與塞風式的科學原理

金澤大學研究所兼任教授　廣瀨幸雄

從「蜂巢結構」
來構思好喝的咖啡

本人認為在沖煮咖啡時，只要瞭解在什麼狀況下會讓雜質等不好的味道散溢到咖啡中，就能反向思考，進而泡出好喝的咖啡。而蜂巢構造或許就是沖出好咖啡的關鍵。

首先我們來看看所謂的蜂巢結構。將烘焙過的生豆磨成粉，以顯微鏡觀察，就可看到如同**照片1**一般，邊長0.01mm左右的立體空洞。因為生豆經烘焙除去水分，組織便會形成蜂巢般的海綿狀。也就是由空洞與洞壁，以及纖維質的部分所構成。

假設空洞的邊長為0.01mm，在邊長1mm的立

照片1

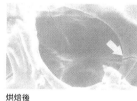 

烘焙後　　　　　　　烘焙、磨碎後

圖1　烘焙使豆子內部產生的變化（模式圖）

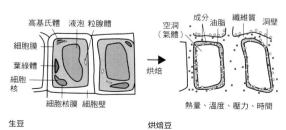

生豆　　　　　　　烘焙豆

圖2　蜂巢結構

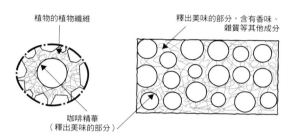

方體中就有一百萬個洞，在邊長0.10mm的立方體中，就有1000個空洞存在。如果粒子越小，所含的空洞數目就越少，反之粒子越大，所含空洞的數目就越多，這就是蜂巢結構。烘焙的程度越深，空洞就會越大，相反地，纖維部分會減少。空洞中會飽含氣體。

咖啡粉一旦注入熱水，空洞會一口氣膨脹。如果是好幾個月前磨的咖啡豆，因為其中的氣體早已散溢，便不會膨脹。洞壁中除了有酸、苦、甜味與咖啡獨特口感的成分外，同時還包含些許不好喝的成分。洞壁上的成分一經熱水沖泡會很快釋放出來。空洞與空洞間的纖維質除了有咖啡怡人的成分外，同時也有另一種成分，其口味令人不快（**圖2**）。纖維質中這種令人不快的成分，用一般溫度沖煮並不會釋放出來，但以高溫沖煮或長時間維持在某種溫度、亦或以濃縮咖啡機的高壓沖煮時，就會釋放到咖啡中。

因此研磨時最好不要破壞蜂巢結構。此外研磨成細粉時會產生大約100℃的摩擦熱，這樣的溫度

圖3 沖煮時的粒子（模式圖）

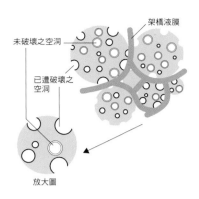

架橋液膜
未破壞之空洞
已遭破壞之空洞
放大圖

圖4 沖煮流程

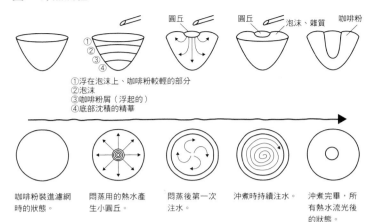

圓丘　泡沫、雜質　咖啡粉

①浮在泡沫上、咖啡粉較輕的部分
②泡沫
③咖啡粉屑（浮起的）
④底部沈積的精華

咖啡粉裝進濾網時的狀態。

悶蒸用的熱水產生小圓丘。

悶蒸後第一次注水。

沖煮時持續注水。

沖煮完畢，所有熱水流光後的狀態。

會逼出討厭的苦味跟咬舌的成分。以細粉（邊長0.02mm以下的立方體粒子）沖煮時，熱水停留的時間較長，其成分也會釋放得較多，口味比較不好。空洞有未破壞之空洞與已破壞之空洞（**圖3**），未破壞之空洞的粒子多半較大，而細粉多是已遭破壞的空洞。已遭破壞的洞壁容易氧化，可想而知多少會改變口感。一般認為這樣會對細粉的口味造成影響。

除了沖煮手法以外，口味的差異還有很多原因。低海拔採收的豆子，比起高地採收的豆子多了份土味；日曬法或水洗法也會產生獨自的香氣與不好的味道。如果在撿選或加工的階段混有啃食生豆的小蟲、壞豆或發酵的豆子，味道又會不同。而烘焙時也會出現風味上的差異。烘焙溫度太高會有燒焦的臭味，烘焙時間太長，口感會變得很淡，失去濃郁的風味。

濾滴式的重點在於「悶蒸」

在目前各式各樣的咖啡沖煮法中，很明顯地，濾滴式沖煮法是沖煮咖啡的基本方式。烘焙過的咖啡豆會產生蜂巢結構，沖煮就是藉著熱水的力量，從蜂巢結構中釋放咖啡的精華成分。而且還要盡可能只沖出美味，把咬舌的討厭味道跟雜質封鎖在咖啡

照片2 沖煮流程

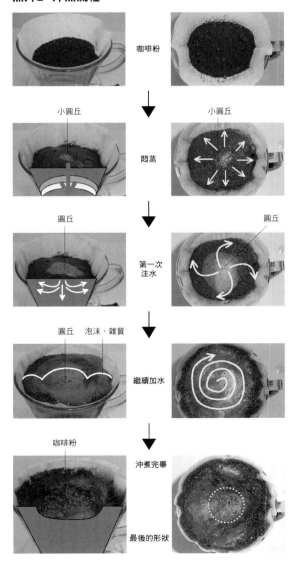

咖啡粉

小圓丘　小圓丘

悶蒸

圓丘　圓丘

第一次注水

圓丘　泡沫、雜質

繼續加水

咖啡粉

沖煮完畢

最後的形狀

粉中。我們再進一步探討，濾滴式沖煮法的特色可說是「悶蒸」，希望大家注意到「悶蒸」的手法才是左右咖啡口感的重要關鍵。

手沖咖啡主要用濾紙或法蘭濾網，不管使用哪一種，首先都得將咖啡粉放進濾網，接著一注水，咖啡粉就會濕潤膨脹。這時濾網的縱向剖面圖就像**圖4**上方一樣，大約分為四層。底部堆積咖啡精華、其上浮著咖啡粉、粉的上面覆蓋泡沫、泡沫上又包覆著如同氣體般的輕質粉末。從正上方看來會變成**圖4**下方的圖樣，或是把碗倒過來的形狀（圓丘）。而在其頂端的中央又會產生一個小圓丘，我們在這圓丘上注水，由內而外將小圓慢慢畫成大圓，就能將雜質往外並往上推開（**照片2**）。此外，這些泡沫包含的成分會讓咖啡變難喝，因此當泡沫消失，可直接看到咖啡粉時，便代表沖煮過度（**照片3**）。

那麼在「悶蒸」的時候，咖啡粉會產生什麼樣的變化呢？咖啡粉會因熱水而蒸濕膨脹，粉中的蜂巢結構也會脹大。蜂巢結構的空洞飽含氣體，接觸到熱水便散溢出來，因此產生咖啡特有的馥郁香氣。熱水會溶解洞壁上的成分，軟化並分解組成空洞的纖維質，纖維質裡的成分也會開始溶解，成為咖啡的精華，積存在底部（**圖5**）。

咖啡會因為注水的手法而溶出不同成分，決定口味的好壞。因此熱水的溫度跟注水的情況，每個高手各有自己的一套作法。個人認為從悶蒸到開始沖煮的時間點，在於悶蒸的咖啡飄出香甜氣味時，便是開始注水的好時機。

照片3 過度沖煮

圖5 沖煮與蜂巢結構

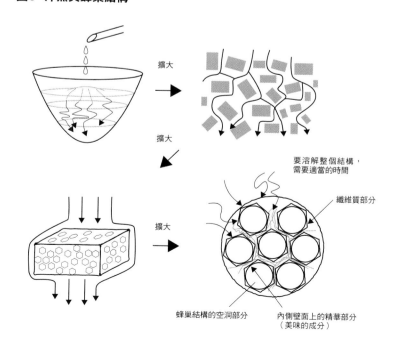

要溶解整個結構，需要適當的時間

纖維質部分

蜂巢結構的空洞部分

內側壁面上的精華部分（美味的成分）

擴大

擴大

擴大

濾紙與法蘭絨濾網

濾滴法中代表性的過濾器便是濾紙跟法蘭絨濾網。兩者的差異在於蜂巢結構的空洞吸收熱水膨脹的程度，也可以說是兩者蓄水能力的差別。蓄水能力是法蘭絨濾網比較好，正因為法蘭絨像**圖6**所示，有較好的蓄水能力，所以咖啡精華較不會從側面流出，沈積在底部的量比較多。相較之下，因為濾紙比法蘭絨濾網更容易讓熱水穿透，因此熱水會從濾紙的上層流出去，悶蒸的效果遜於法蘭絨濾網。從口味的角度來看，可說法蘭絨濾網的口感較濃郁，濾紙的口感較清爽。

濾紙濾滴法是由濾紙跟濾杯配合，濾杯的形狀跟熱水滴落的速度有關，換言之就是跟蓄水能力有關。底部一個洞或三個洞，和蓄水能力幾乎沒有關

連。有關連的是濾杯內側突起的溝槽，溝槽的高度關係到蓄水的能力。溝槽會在濾杯跟濾紙之間形成空隙，這空間決定了它的蓄水能力。（**圖7**）

本人曾經自製法蘭絨濾網，一面是絨布一面是平布，圓環大小與布袋深度都隨我喜好。大口淺底、網眼較粗的適合美式咖啡；小口深底所泡出的咖啡比我想像得更濃更苦（**圖8**）。進一步講解，可提到外側絨毛的功用。將絨毛放大來看（**圖9**），絨毛在沖煮咖啡前是伸展的，當沖煮的咖啡滴出，絨毛會因儲存雜質而鼓起。

HARIO新出品的圓錐形濾杯，就像**照片4**一樣，有螺旋狀溝槽。這種螺旋狀溝槽會穩穩撐住濾紙。而且溝槽越往下便越粗越高，提升了蓄水能力，功能直逼法蘭絨濾網。以往的溝槽像**圖10**一樣，在濾紙上方形成與濾杯之間的空隙。HARIO的新濾杯沒有上方的溝槽，這種螺旋狀溝槽設計，我個人認為有申請專利的價值。

圖6　法蘭絨濾網與濾紙的差異

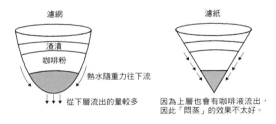

蓄水能力的差別

圖7　濾紙濾滴法

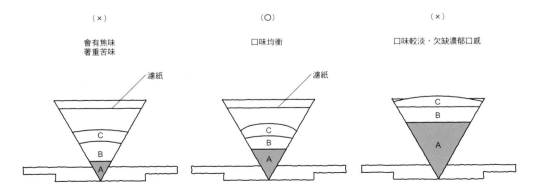

A：精華存積的部分
B：咖啡粉
C：咖啡膨脹產生的泡沫

咖啡精華的萃取情況如**圖11**所示，我們可以看到決定咖啡口味的成分，在沖煮的前半部便幾乎已釋放出來。這就叫咖啡的前味（top note）。之所以要攪拌沖煮出的咖啡，就是為了讓前味均勻分散。我希望大家能夠好好地品嚐咖啡的前味。

最後請各位將蜂巢結構跟前味這兩項要點記在腦中，藉此學會如何控制沖煮的速度跟咖啡精華流出的速度，這樣就能沖出有趣又充滿個人風格的美味咖啡。濾滴式沖煮法在咖啡的研究、實驗與探索中，是不可或缺的重要方式。

圖8　本人自製的法蘭絨濾網

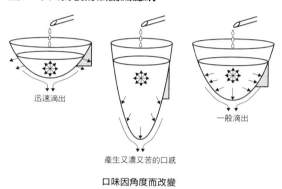

迅速滴出

產生又濃又苦的口感

一般滴出

口味因角度而改變

圖9　法蘭絨濾網的絨毛面

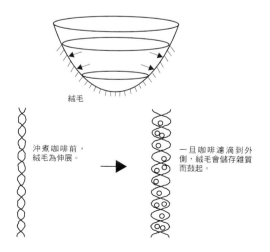

絨毛

沖煮咖啡前，絨毛為伸展。

一旦咖啡濾滴到外側，絨毛會儲存雜質而鼓起。

照片4　螺旋溝槽的濾杯

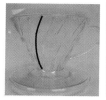

螺旋溝槽可不是擺好看，而是用來穩穩撐住濾紙。溝槽越往下便越高越粗，更能只沖出咖啡的精華。

圖10　螺旋濾杯與以往的濾杯

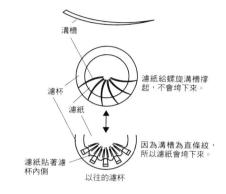

溝槽

濾杯

濾紙

濾紙給螺旋溝槽撐起，不會垮下來。

濾紙貼著濾杯內側

以往的濾杯

因為溝槽為直條紋，所以濾紙會垮下來。

圖11　沖煮成分含量的變化

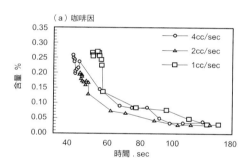

（a）咖啡因

含量 %

時間 . sec

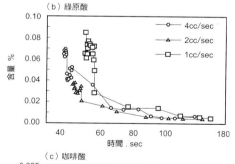

（b）綠原酸

含量 %

時間 . sec

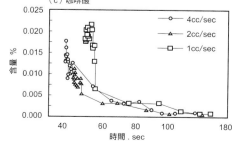

（c）咖啡酸

含量 %

時間 . sec

圖12

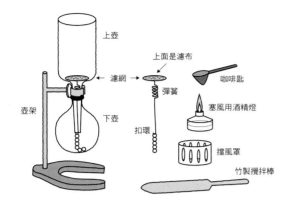

上壺
上面是濾布
濾網
咖啡匙
彈簧
壺架
下壺
扣環
塞風用酒精燈
擋風罩
竹製攪拌棒

圖13

泡沫
咖啡粉
咖啡液
濾網

圖14

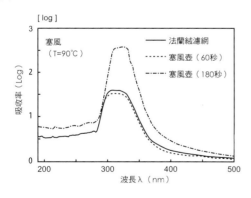

停留在上壺的時間之影響

塞風式咖啡的構造

塞風式咖啡的構造如**圖12**所示。

酒精燈點火後,加熱的水就會全部上升至有咖啡粉的上壺,接著以竹製攪拌棒攪拌10秒,就是開始

沖煮了。此時上壺的狀態如**圖13**所示,由上而下依序是泡沫、咖啡粉、咖啡液、濾網。泡沫中含有雜質、澀味與令人不快的味道,這些統稱浮渣。過濾咖啡的時候,重點在於別讓那些成分流進下壺。

為了徹底沖煮出咖啡的味道,用竹製攪拌棒攪拌上壺後靜置一分鐘(**圖14**),讓咖啡粉釋出它的成分,盡量使咖啡液慢慢滴到下壺。這時最好像**圖15**一樣,使用塞風咖啡的專用器具(**照片5**)。

試著製作塞風的工具

因為咖啡粉很輕,所以熱水進入上壺時,它會以乾粉狀態直接浮起來,或是起泡溶入水中,等待攪拌棒來攪拌。不過這樣感覺沒什麼意思。我想要在熱水上來時,一邊悶蒸咖啡粉,一邊讓它跟熱水混合。於是用木片做了一個蓋子壓在咖啡粉上(**照片6**)。並考慮到要讓咖啡泡渣浮在上面,所以開了洞。這時候熱水的溫度相當重要,最好使用可以控制溫度的產品。筆者建議使用的熱源最好能集中在下壺單點。用酒精燈的話,火焰會燒到下壺的側面,讓水在溫度還沒提升的時候就進入上壺(**圖16**)。此外如圖所示,這時上壺雖然出現氣泡,讓人乍看以為沸騰,其實只是下壺膨脹的空氣通到上壺而已,並非熱水溫度提升。**照片7**是最近上市的加熱爐,有些產品比以往的酒精燈要好,如果突然移開熱源,會增強咖啡液倒流的拉力,可能把不好的口感一併帶出。這是因為泡沫中有浮渣,雖然泡沫會在半途被濾網擋掉,但如果拉力增加而破壞了泡沫,其中的浮渣就容易一併流入下壺。

還有一個重點是盡量別讓上升的熱水沖亂咖啡粉。因為蜂巢結構的纖維質中含有不好的味道,這些成分會被水沖亂而以離心力拋出,這麼一來不好的口味會釋放到咖啡液中(**圖17**)。

塞風壺沖煮法不太適合淺烘焙,因為淺烘焙的咖啡豆膨脹程度不大,蜂巢結構的空洞也較小,溶解出的成分跟口味都沒有變化性。此外熱水溫度太低

圖15

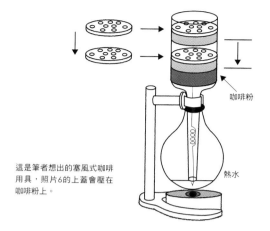

咖啡粉

熱水

這是筆者想出的塞風式咖啡用具，照片6的上蓋會壓在咖啡粉上。

照片5

塞風咖啡器具
照片中的是「TAYLI」

塞風式咖啡機
（TWINBIRD工業股份有限公司）

※協助拍攝／Union股份有限公司TEL03（3842）4041

照片6

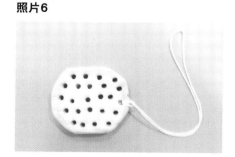

時，咖啡粉中的成分不易溶解出來；另一方面，萃取過度則會大量釋放不好的口感。如果咖啡豆用深度烘焙的話，蜂巢結構的空洞會變大，成分也較易溶解，所以這時候會稍微萃取過度，而有不好的味道。

有人認為塞風式咖啡的口感不夠濃郁，覺得塞風咖啡的缺點在於味道較淡。這是因為他們沒有悶蒸的手續，以及像**圖18**一樣，下壺跟上壺間的吸水口有空隙，使熱水沒有完全吸上去。這些殘留的熱水會沖淡回流下來的咖啡。

至於咖啡粉的粗細，細粉當然不好，但粗研磨也不行，大約是中細研磨的程度較佳。

表1是利用各種器具沖煮哥倫比亞風味的綜合咖啡之實驗，這種濾滴式及塞風式沖煮的資料可供大家參考。

圖16

照片7

可調整溫度高低的旋鈕

圖17

咖啡粉受到沖擊時，會因為離心力釋放各種成分。

圖18

產生空隙

沒有進入上壺的熱水

表1　濾滴式與塞風壺、濃縮咖啡機、電動咖啡機的特色

	咖啡粉的研磨程度	適當的烘焙程度	所需時間	沖煮溫度	沖煮成功時的特徵	注意事項、其他
塞風壺	中細研磨	中度烘焙 深度烘焙 全都會式〜法式	熱水跑進上壺後的一分半鐘以內	80℃〜90℃	沖煮出的咖啡口感圓潤柔和不咬舌。	不要過度攪動上壺的咖啡粉，要徹底監看與掌控熱水的動向。
濃縮咖啡機	極細、細研磨	深度烘焙 法式 義大利式	萃取一杯15〜20秒最佳	95℃〜98℃	味道濃厚有勁不嗆口，因為萃取出來的咖啡口感不會被砂糖或牛奶壓過，所以很適合調成花式咖啡。	將咖啡粉緊緊壓進滴濾手把中，萃取出菁華後立刻停止。
手沖（濾紙）	中研磨	中度烘焙到深度烘焙之所有範圍（講求技術）	2分鐘〜3分30秒。	80℃〜90℃	可沖出香氣怡人的高品質咖啡。因為可自由掌控溫度與時間，故能調配出獨樹一格的美味。	必須準備與杯數相同的濾杯與濾紙，也要準備燒水壺與手沖壺。
電動咖啡機	粗研磨	淺烘焙 中度烘焙〜都會式烘焙	一杯所需的時間×杯數=總時間	90℃〜95℃ 沒有沸騰的話，熱水不會進入上壺	可產生淺烘焙的香氣、濃醇口感與怡人美味。	如要沖煮6〜10杯太花時間，若準備數台可沖煮1〜4杯的機器就很方便。

廣瀨幸雄
1940年出生於石川縣金澤市。金澤大學自然科學研究所兼任教授（金澤大學名譽教授）、金澤學院大學智慧戰略總部部長、同大學之教授、工學博士。日本咖啡文化學會副會長。專攻計算力學（特別是材料強度學）。學生時代便喜歡咖啡，以工學的角度研究咖啡。

Syphon Coffee

塞風式咖啡的技術、多樣性與歷史

Syphon Technique

以無段式瓦斯塞風壺
與特製槳型竹製攪拌棒沖煮

GREENS Coffee Roaster　巖　康孝

1　在裝置上壺前，先倒入咖啡粉並調整火力。

老闆認為中深度烘焙較適合以塞風壺沖煮，這道「GREENS綜合咖啡」主要混合了都會式到全都會烘焙的巴西與曼特寧咖啡豆。研磨程度為中研磨到細研磨之間。

將熱水倒進下壺，裝在瓦斯爐上。將咖啡粉倒入上壺，不要沾到壁面。熱水沸騰後轉小火，讓滾水平靜下來。可微調火力的無段式瓦斯爐非常重要。

2　瓦斯轉小，等滾水平靜下來再裝好上壺。

塞風壺是HARIO製、濾網是KONO製。先以滾水煮過再使用。用過十次左右的濾網狀態最好（照片右），大約10～14天更換一次，依使用頻率而定。

為了讓熱水緩緩升至上壺，使咖啡粉水平上升，所以等滾水平靜後才裝好上壺。如果沸騰過猛，上壺的溫度也會上升，會逼出雜質。

排除不確定因素的沖煮法

店長巖康孝先生擁有日本咖啡師大賽的塞風壺組2001年與2004年冠軍的經歷，他追求穩定的沖煮品質。因此巖先生長年探求的技術，就是將改變塞風口感的因素徹底消除。

他會先決定好熱水升至上壺的速度、第一次攪拌的時機、熱水全部進入上壺後靜置的秒數、第二次攪拌的時機，以及自己規定的整體沖煮時間，接著才開始沖煮，而不改變咖啡粉與熱水的量。他的拿鐵咖啡是以機器沖煮，不過歐蕾咖啡則以塞風咖啡調配。

3 若熱水上升到可以攪拌的程度，就要立刻攪拌。

為了盡快讓咖啡粉與水混合而攪拌。轉動攪拌棒時不要用力，以斜切的手勢攪動。為了方便攪拌，他把竹製攪拌棒削細，在頂端加上重物，利用重物的反作用力攪動。

4 基本上要在60秒以內萃取完成。

熱水上升與咖啡粉接觸約需10秒、熱水全部進入上壺約需30秒、關火，咖啡液全部回流約需10秒。基本上要在60秒以內完成所有沖煮步驟。

5 第二次攪拌要在關火後，咖啡流進下壺前進行。

第一次攪拌後放置15～30秒再關火，接著在咖啡液流進下壺前攪拌第二次。第二次攪拌要讓咖啡粉聚集到上壺的中央。

6 依照綜合咖啡豆調配的狀況，來調整攪拌的程度與時機。

老闆會攪拌兩次。配合咖啡烘焙的程度或豆子調配的情形，來改變攪拌的力道與時機，不會改變咖啡粉跟熱水的量。

Syphon Coffee

GREENS Coffee Roaster的塞風式咖啡

REENS綜合咖啡　400日圓
沖煮方法參閱26頁
GREENS綜合咖啡一人份16克（以巴西、曼特寧為主，配合坦尚尼亞咖啡豆，全都會式烘焙，中研磨）
使用水量165ml／沖煮量150ml
塞風壺＝HARIO製
濾網＝布製（KONO製）
竹製攪拌棒＝特製槳型

雖然口味很紮實，但相當順口，這就是塞風壺的特色。沖煮兩人
份咖啡時，粉量為28克、水量330ml，可沖煮300ml的咖啡。

歐蕾咖啡　450日圓
元町高架綜合咖啡一人份16克（混合巴西、瓜地馬拉、曼特寧，重烘焙，中研磨）
使用水量90ml／沖煮量70ml
塞風壺＝HARIO製（一人份下壺、三人份上壺）
濾網＝布製（KONO製）
竹製攪拌棒＝特製槳型

歐蕾咖啡用的咖啡液也是用心沖煮而成。粉量跟綜合咖啡相同，但水量只有一半。咖啡與牛奶比例是7比3，因為咖啡液十分清澈，若是1比1的話，口味會被牛奶壓過。

沖煮歐蕾咖啡時會用不同的上壺

　　沖煮歐蕾咖啡用的咖啡液時，會用一人份的下壺、三人份的上壺。因為三人用的塞風上壺，插到下壺的管子比一人份的長5mm，可完全吸光下壺的水。若要以綜合咖啡一半的水量沖煮出濃郁有勁的咖啡，上壺的管子要長一點比較方便。這樣就能做出濃郁又順口，且充滿塞風風格的歐蕾咖啡。

　　拿鐵咖啡是以濃縮咖啡機沖煮的咖啡液調配。運用機器與塞風壺沖煮的特色來設計品項，這就是「GREENS Coffee Roaster」的獨到之處。

巖先生在2005年於元町高架下的商店街開設自家烘豆的咖啡店。店內與高架橋下的懷舊氣氛迥然不同，很有時尚感。在一樓可看到PROBAT的烘豆機、LA.MARZOCCO的濃縮咖啡機，二樓的陽台則可眺望遠處。瓦斯爐是父親傳承下來的，這二十年來持續使用，但仍光亮如新。

GREENS Coffee Roaster　兵庫縣神戶市中央區元町高架下3-167 TEL078（332）3115

Syphon Technique

以手工竹製攪拌棒沖煮

咖專舍蒲公英　穴田真規

1 洗好上下壺之後，以熱水沖煮一次便完成準備工作。

以清水加熱、倒流，這時候也要把濾網調到上壺的正中央。此時有溫熱塞風壺與除去細微污垢的效果，還能吸收濾網中些許的水分（如右方照片）。濾網要先以咖啡液煮過再使用，約一個星期就要更換。

2 上壺升起約1公分的熱水時，便開始第一次攪拌。

 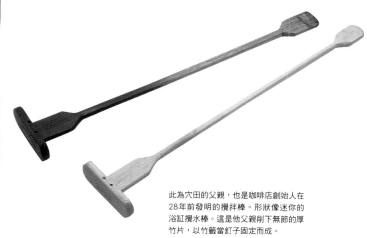

以特製的竹製攪拌棒，在熱水上升約1公分時開始攪拌。先以攪拌棒前端平頭壓沈咖啡粉，上下攪動，迅速攪拌所有咖啡粉。

此為穴田的父親，也是咖啡店創始人在28年前發明的攪拌棒。形狀像迷你的浴缸攪水棒。這是他父親削下無節的厚竹片，以竹籤當釘子固定而成。

富有深度的咖啡也有清爽的口味

開業32年的「蒲公英」，是由第二代的穴田真規先生，利用創業當時的塞風壺以及像攪水棒一般的特殊攪拌棒，沖煮出店內的咖啡。

他們只賣精緻咖啡（specialty coffee），很早便抓住時代的潮流。從以前開始就有很多常客，店裡的咖啡是自家烘豆，那富有深度的風味自開店就不曾改變。咖啡口味圓潤、香氣怡人，還能感受到甘甜的餘味，另一個特色是口感清澈，就算冷了也不會走味。

穴田老闆的瓦斯爐是自開業沿用至今，特製的攪拌棒也是繼承上一代的發明，至今已有28年歷史。

3 直接插著攪拌棒，綜合咖啡的話要讓它浸泡50秒左右。

第一次攪拌之後，把下壺稍微移開熱源，降低火力。插著攪拌棒讓咖啡粉浸泡在熱水中。綜合咖啡約需50秒、單品咖啡約需30秒。

4 第二次攪拌的動作跟第一次攪拌相同。

一旦浸泡夠了，就要讓下壺略微移開熱源，攪拌第二次。以攪拌棒前端壓下表面的咖啡粉兩次、縱向攪動棒子三次。

5 第二次攪拌後，插著攪拌棒蓋上蓋子並關火。

第二次攪拌結束後關火，接著蓋上蓋子防止氣體逸出，讓咖啡液往下流。咖啡回流後搖動下壺，逼出香氣後再取下。

Syphon Coffee

咖專舍蒲公英的塞風式咖啡

綜合咖啡　400日圓
沖煮方法參閱30頁
蒲公英綜合咖啡兩人份45克（以哥倫比亞、巴西為主，綜合全都會式與都會式烘焙，中研磨）
使用水量340ml／沖煮量300ml
塞風壺＝HARIO製
濾網＝布製（KONO製）
竹製攪拌棒＝手工製

以巴西、哥倫比亞咖啡豆為主，綜合兩種全都會式與三種都會式烘焙的豆子。其魅力在於口感圓潤，香氣十足，冷了也不會走味。

攪拌時不給咖啡施加多餘的力量

　　咖專舍獨創的攪拌棒形狀，是為了用平均的力道迅速攪拌咖啡而製作。

　　雖然攪拌棒狀似浴室的攪水棒，但功能並非只有讓咖啡粉跟水混合，前端平頭處還能將咖啡粉壓進熱水中。一般攪拌棒很難做到這樣，為了讓熱水跟咖啡粉溶為一體，就必須用力攪動棒子。在這一

點，用平頭去壓就不會給咖啡粉多餘的力量，可以快速將粉壓進熱水裡。而且前端呈T字型，只要上下搖動棒子，就能使其迅速混合，因為不需使出太大力氣，所以能避免雜質釋放。

　　這種沖煮方法很適合這樣的攪拌棒。為了做出合適的攪拌棒，老闆堅持使用沒有節的厚片竹子，遵守一貫的製作方法。

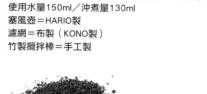

哥倫比亞咖啡　450日圓
哥倫比亞一人份15克（全都會式烘焙，中研磨）
使用水量150ml／沖煮量130ml
塞風壺＝HARIO製
濾網＝布製（KONO製）
竹製攪拌棒＝手工製

這杯哥倫比亞咖啡可以享受到它的芳香及餘味。單品咖啡在第一次攪拌後會浸泡30秒，攪拌的動作與方式都和綜合咖啡相同，只是調整了粉量、水量與浸泡時間。

咖專舍雖然位於神戶市郊外，只能開車前往，但來享受咖啡的客人仍絡繹不絕，十分熱鬧。有許多人來買咖啡豆，賣豆子的收入占了四成的營業額，許多人一次就買一、兩公斤。老闆會把精緻咖啡豆存放在定溫倉庫中，以15公斤直火式烘豆機跟3公斤半熱風式烘豆機分開烘焙。

咖專舍蒲公英　兵庫縣神戶市西區神出町廣谷608-4 TEL078（965）2131

Syphon Technique

以瓦斯式塞風壺沖煮

UCC Cafe Plaza 神戶總店　望月道廣

1　首先檢查濾網的位置與熱水滾沸的情況。

如果濾網沒擺正,水泡會沖毀上壺的咖啡層。此外下壺沸騰的話,也會讓下壺側邊的溫度過高,這點亦需留心。

2　下壺的熱水慢慢上升,咖啡粉被緩緩向上推擠,釋放出它的成分。

輕輕擺正裝有咖啡粉的上壺,熱水會慢慢攀升。調整火力不要讓熱水在上壺滾沸,在熱水完全進入上壺前攪拌第一次。

3　在第一次攪拌時,要讓細緻的泡沫均勻漂浮。

攪拌不是為了混合水跟咖啡粉,而是為了讓兩者徹底接觸,才用攪拌棒使其溶合。攪拌時動作要輕快,讓細緻的泡沫平均擴散。

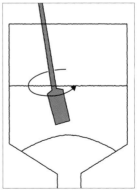

攪拌時就像以竹製攪拌棒「撈起咖啡粉」般,攪動兩三次,讓咖啡粉與熱水輕柔地溶合。攪拌這項工作是要讓兩者平穩交融。

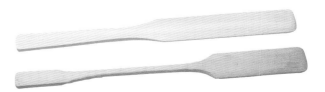

竹片在手持的部分削細,以便控制指尖微妙的動作與力道。

第一次與第二次攪拌的意義

塞風壺是日本獨特的沖煮方式，這在日本咖啡師大賽塞風壺組中，由眾家高手繼承，並成為專業級技術，使世人對它刮目相看。UCC對塞風壺的研究，也反映在比賽的評分方式上。

第一次攪拌是為了讓咖啡粉跟熱水徹底接觸，因為粉內含有氣體，所以不攪拌的話會一直浮在水上。為了避免這種情形，必須打散咖啡粉，使粉與熱水迅速溶合。

這就是攪拌的意義。第一次攪拌要用竹棒「撈起咖啡粉」，讓它與熱水徹底溶合。

第二次攪拌是為了做好事前準備，以求完美的過濾。因為留有氣體的咖啡粉與熱水對流，便會釋出氣體。如果沒有攪拌，當你關火，咖啡液被吸入下壺時，細粉下沈的速度會比含有氣體且浮力較大的大顆粒快。它會穿越濾網的空隙進入下壺，破壞咖啡的口感。藉由攪拌可以在沖煮時建立過濾層，讓咖啡粉以大顆粒、細粉、氣泡的順序沈澱。

4 第一次攪拌後放置15秒，再攪拌第二次。

第一次攪拌後，如果是綜合咖啡便放置15秒，離開熱源後再攪拌第二次。第二次攪拌是為了讓咖啡粉釋出氣體，動作跟第一次攪拌相同。

5 如果能以塞風壺的吸力做出漂亮的過濾層，就算成功了。

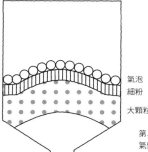

氣泡
細粉
大顆粒

第二次攪拌可以讓咖啡粉釋出殘存的氣體，讓咖啡從下層開始依序為大顆粒（咖啡渣）、細粉、泡沫，形成圓丘狀。達成完美的沖煮。

Syphon Coffee

UCC Cafe Plaza的塞風式咖啡

綜合咖啡　450日圓
沖煮方法參閱34頁
綜合咖啡一人份18克（以哥倫比亞為主，重烘焙，ditting#9）
使用水量160ml／沖煮量140ml
塞風壺＝UCC獨創、HARIO製
濾網＝布製（HARIO製）
竹製攪拌棒＝特製

此以哥倫比亞跟巴西咖啡豆為主，雖然採用重烘焙，但這道綜合咖啡相當爽口。濾布以滾水煮過再用，於變色前更換。

冰咖啡　450日圓
綜合咖啡一人份24克（以哥倫比亞為主，重烘焙，ditting#7）
使用水量130ml／沖煮量110ml
塞風壺＝UCC獨創、HARIO製
濾網＝布製（HARIO製）
竹製攪拌棒＝特製

白芝麻歐蕾咖啡　550日圓
綜合咖啡一人份18克
（以哥倫比亞為主，重烘焙，
ditting#7）
使用水量130ml／沖煮量110ml
塞風壺＝UCC獨創、HARIO製
濾網＝布製（HARIO製）
竹製攪拌棒＝特製

因為使用的水量少，馬上就會全部進入上壺，因此要趕快攪拌。沖煮完畢後，在客人面前倒入裝有冰塊的玻璃杯急速冷卻即告完成。

100ml的白芝麻歐蕾咖啡，研磨程度比綜合咖啡細。咖啡與牛奶的比例為1比1，並摻入黃豆粉，上面再擠上白芝麻糊。

　　塞風壺可以一次完成五位客人不同的咖啡，機器則必須一杯一杯做。咖啡專賣店會販賣各種咖啡，因此塞風壺沖煮法可說相當適合店家。而且塞風壺除了有外在的表演效果外，也需要內在的技術，可以展現出專業咖啡的獨到之處。另一項優點是第一次攪拌後要先放著，還能有餘裕做別的工作。

在UCC上島咖啡的發源地（總店）一樓，寧靜的氣氛讓人感受到它的歷史。技術純熟的工作人員會為咖啡愛好者提供美味的塞風式咖啡。

UCC Cafe Plaza總店　兵庫縣神戶市中央區多聞路5-1-6 TEL078（361）8908

Syphon Technique

沖煮的塞風壺是由開過喫茶店的岳母所傳承

SEWING TABLE COFFEE 玉井健二

（譯注：日本七〇年代流行的咖啡廳稱為「喫茶店」，而近年以時髦取向的咖啡廳則多稱為café。）

1 將快要沸騰的熱水倒入下壺，用乾布拭去外側沾到的水滴。

如果熱水沸騰過度，除了容易在短時間內衝進上壺，引起突沸現象外，用高溫沖煮還會產生過度的苦味。當下壺沾有水滴時便直接加熱的話，可能會裂開，一定要把水擦乾淨。

2 裝設塞風壺的時候，要讓下壺底部的正中央可以碰到火焰，接著點火。

調整火焰，讓前端可以碰到下壺底部。

3 沖煮之前才研磨咖啡豆，將咖啡粉倒進裝有濾網的上壺，再穩穩插入下壺。

一人份的咖啡豆是14克，沖煮兩人份便需要28克細研磨的咖啡粉。當下壺的熱水開始滾動，發出咕嚕聲之後再插好上壺。

傳承自岳母的塞風式咖啡

「SEWING TABLE COFFEE」的塞風瓦斯爐有三座，可讓每位客人喝到現沖咖啡。

現在負責沖煮咖啡的是玉井健二先生，合夥人惠美子小姐於2002年4月開店。

保養狀態良好的塞風工具，是惠美子小姐的母親勝子女士以前開喫茶店所用的器具。

塞風壺的沖煮法是兩人向勝子女士學習而來，在他們日復一日的經營下，已經能沖煮出屬於自己的咖啡。兩人相當重視自己親手做出的口味。

4 下壺的熱水緩緩爬升，使咖啡粉慢慢浮起，將成分釋放出來。

5 熱水完全進入上壺後，用竹棒輕輕混合咖啡粉與熱水，這是第一次攪拌。

將竹棒伸進上壺的底部，讓咖啡粉與熱水完全溶合。竹棒要由內向外輕輕攪拌。

6 上壺如果形成了咖啡層，就要攪拌第二次。攪拌後為了逼出濃郁風味，會加強火力。

讓竹棒像划船一樣攪動，攪拌到沈澱在底部的咖啡粉。感覺就像讓咖啡粉悠遊在熱水中。

7 熱水全部進入上壺一分鐘後關火，攪拌第三次。萃取出的咖啡液會流進下壺，沖煮便告完成。

第三次攪拌會讓濾網下有細細的粉末，濾網上則有半圓型的粗粒咖啡層。這就代表沖煮相當成功。

Syphon Coffee

SEWING TABLE COFFEE的塞風式咖啡

塞風式咖啡　350日圓
沖煮方法參閱38頁
綜合咖啡一人份14克（細研磨）
使用水量300ml／沖煮量250ml
塞風壺＝HARIO製
濾網＝布製（HARIO製）
竹製攪拌棒＝HARIO製

他們追求的咖啡是不加牛奶也能
入口，希望大家都能接受。特色
是清爽而不失其苦味與香醇。

1948年，政府利用二次大戰前建造的古老校舍，設立洋裁學校。2002年4月，校地最深處的小倉庫經過改造後，便誕生了「SEWING TABLE COFFEE」。

這家小咖啡廳的經營者是玉井健二與惠美子兩人。打從一開店，兩人便以「塞風式咖啡」款待客人。

開店的機緣是惠美子親手做的陶碗，現在碗裡會裝著健二先生泡的咖啡，呈現在客人面前。

對兩人而言，塞風壺是充滿回憶的咖啡器具。當惠美子的母親經營喫茶店時，就相當珍惜塞風壺，惠美子小姐要開店時便承接下來。雖然塞風咖啡的沖煮法也是在當時向岳母學習而來，但玉井先生說：「塞風式咖啡已經與我合而為一，我想讓它更好喝、更能溫暖人心。我一邊摸索著這條路，一邊回顧岳母教導的作法與自己每天感受的變化，用心泡好每一杯咖啡。」

據說透過兩人的咖啡，塞風壺也成為客人無可取代的寶物。店名的「SEWING」在英文是「縫紉」之意，從母親那邊繼承的塞風壺，也「縫」起了咖啡店與客人之間的感情。

「我深深感到用塞風壺沖煮咖啡是最令人興奮也

是最美麗的情景。」玉井先生抱著期待的心情，用心沖煮每一杯咖啡。端出美味咖啡的這份心意，代表他相當重視客人來到這間小巧咖啡店品味咖啡的時光。

星之丘洋裁學校座落於住宅區，校舍後方的改裝小倉庫就是咖啡店。店前有顆高大的櫻花樹，到了開花的季節還能一邊賞花一邊品嚐咖啡。

SEWING TABLE COFFEE 大阪府牧方市星丘2-11-18星之丘裁學校內　TEL090（2045）6821

Syphon Technique

以酒精燈及法蘭絨濾網沖煮

COFFEE SHOP RONDINO　沖喜保治

1 事前準備。為了保持穩定的火力，每天早上開店前一定要檢查酒精燈的燈蕊。

酒精燈的燈蕊有時會被蓋子壓扁，或是在使用時燒完。火力會因此減弱，無法保持穩定。

2 倒入咖啡粉。沖煮兩人份時使用15克的粉。泡單杯的時候粉量要稍微多一點。

此為淡口味的驛馬車（caravan）綜合咖啡，以哥倫比亞咖啡豆為主，有清爽的酸味。以瑞士的研磨機（difting）磨成細顆粒使用。

3 將沸騰的熱水倒入下壺，一人份、兩人份、三人份的水量各有其記號線。

雖然倒入下壺的是滾水，不過水溫會在下壺降低。水量以下壺的記號線為準，沖煮美式咖啡時則多一點。

4 以火柴點燃酒精燈，等到下壺的水一滾，立刻插入上壺。

對塞風咖啡而言，一般說來酒精燈的保養比瓦斯爐麻煩。不過「COFFEE SHOP RONDINO」自1967年創業時便刻意使用比較不好保養的酒精燈。這是因為酒精燈的熱能比瓦斯爐來得柔和，沖煮出來的咖啡比較好喝。

沖喜保治先生說：「因為酒精燈火力的調節與沸騰的時間點，會略微改變咖啡的口感，因此要十分用心。」

沖喜先生看重的微妙口感，只有靠「人的技術」才能將其表現出來。

5 將熱水倒進下壺，酒精燈點燃30～40秒後，熱水就會開始滾騰。

此時熱水上升的速度非常重要，如果水溫太高，上升速度會太快，水溫太低上升速度又太慢，必須注意。

6 一邊觀察熱水進入上壺的狀態，一邊用木製攪拌棒攪動2～3次。

一邊觀察泡沫的狀態，一邊用木棒攪動。下壺有一半的熱水上升時再開始攪動。在其餘的熱水上來前，還要再攪動一次。

7 熱水幾乎都進入上壺時（下壺底部餘留一些熱水），就要保持這樣的狀態，不時攪動2～3次。接著移開酒精燈約一分鐘。

8 完成的咖啡會流進下壺，等到沖煮完畢，再將咖啡倒入杯中端到客人面前。

從開始到完成費時約三分鐘，浸泡時間會依照咖啡豆的烘焙程度而調整。

Syphon Coffee

COFFEE SHOP RONDINO的塞風式咖啡

綜合咖啡 330日圓
沖煮方法參閱42頁
淡口味驛馬車綜合咖啡兩人份30克（細研磨）
塞風壺＝KONO製
濾網＝布製（KONO製）

店裡自1967年創業便開始販賣
「綜合咖啡」，目前仍受到許多
顧客喜愛。經過了40年的時光，
咖啡至今仍展現出沖煮者的用
心。

歷時四十年仍廣受歡迎

神奈川縣鎌倉市的咖啡專賣店「COFFEE SHOP RONDINO」，自1967年創業以來，歷時40年仍持續受到顧客的支持。店內規模雖小，只有十坪、二十個座位，但從早上七點開店到晚上十點打烊，客人一整天都絡繹不絕。

這間店從創業初始便販賣塞風咖啡，至今仍沒改變，受到許多顧客的愛護。在二十多年前的咖啡專賣店風潮中，也有不少店家會賣塞風咖啡。

不過「RONDINO」長年以來堅守著塞風咖啡現煮的美味。

沖喜保治先生回顧創業當時的情景說道：「我很喜歡咖啡，在我開這家店以前，曾經四處喝過許多店家的咖啡。當時幾乎所有店都是先一次沖煮好幾十杯，重新溫過再端給客人。我認為這樣沒辦法品嚐到真正充滿香味的咖啡，於是才開了這間店，堅持現磨現煮的美味。」

沖喜先生的這個想法至今仍未改變，他依照每位客人的要求，一杯一杯細心地沖煮塞風咖啡。沖喜先生對咖啡的用心，可以從塞風咖啡感受出來。

此外「RONDINO」也配合時代的變化引進濃縮咖啡機，以半自動的機器沖煮濃縮咖啡。它與塞風咖啡相同，擁有親手沖煮的溫暖與賞心悅目的表演性質。

「義式濃縮咖啡」330日圓。沖喜先生早一步掌握客人的需求，於三十年前加進品項中，以半自動的義式濃縮咖啡機沖煮。

它是位於JR鎌倉站旁，十坪大小、二十個座位的小店，但客人整天絡繹不絕。顧客以當地人為主，從年輕人到年長者、上班族、家庭主婦等，客層相當廣。長年光顧的老顧客也相當多。

COFFEE SHOP RONDINO　神奈川縣鎌倉市御成町1-10　TEL0467（25）5177

Syphon Technique

以法蘭絨濾網沖煮，在客人面前倒入杯中

町田咖啡館　店長　金井　悟

1 將熱水倒入下壺，水溫為90℃，沖煮兩人份的咖啡用360ml的熱水。

3 準備咖啡豆。360ml的熱水要配上26克磨好的咖啡粉。

咖啡豆是重烘焙的「杜拉加（Toraja）綜合咖啡」（Key Coffee），研磨程度是kalita磨豆機的2號刻度。

4 將裝有咖啡粉的上壺插進下壺，以中火加熱，熱源來自瓦斯爐。

2 拭去下壺外側的水珠，裝在壺架上。

為防下壺破裂，需用毛巾徹底擦乾下壺底部的水滴。

「町田咖啡館」相當受到當地女性顧客的歡迎。除了有塞風咖啡之外，店裡還有花式咖啡等等，品項十分多樣化。但其中最受歡迎的還是口味清爽的塞風咖啡。

他的塞風咖啡是以穩定的瓦斯爐當作熱能來源，再以法蘭絨濾網沖煮。店裡的塞風咖啡有「咖啡館綜合咖啡」與增量60ml的「美式咖啡」兩種。店長在沖煮時一定會用沙漏，以求穩定的口味。

5 下壺的水進入上壺後，以攪拌棒輕輕攪動，把粉打散即可。

下壺的水上來後，要再多加熱水，這是為了悶蒸咖啡粉，也為了調節水量。

6 熱水全部進入上壺約一分鐘後，用攪拌棒慢慢攪動。

7 移開熱源，咖啡液流入下壺後便完成。

Syphon Coffee

町田咖啡館的塞風式咖啡

咖啡館綜合咖啡　450日圓
※沖煮方法參閱46頁
杜拉加極品綜合咖啡兩人份26克
（Key Coffee）
塞風壺＝TAYLI

以塞風壺沖煮的「咖啡館綜合咖啡」是町田咖啡館的招牌。老闆會拿著下壺在客人面前斟上一杯咖啡。

用於「款待客人」的塞風式咖啡

「町田咖啡館」的塞風式咖啡分成「咖啡館綜合咖啡」與「美式咖啡」兩種。冰咖啡或花式咖啡則使用冰滴咖啡。

綜合咖啡可說是「町田咖啡館」的門面，老闆之所以堅持用塞風壺沖煮，除了老闆本身的用心之外，也是為了提高咖啡專賣店的附加價值。

塞風式咖啡每沖煮一次就得清洗，相當費工，此外要煮得好，工作人員必須有一定的技術與知識。但只要讓客人看到你用吧檯上的塞風壺沖煮，便很有表演效果。另外「町田咖啡館」會將沖煮好的咖啡連同下壺帶往客人的座位上，在客人面前倒入咖啡杯中，展現出款待客人的心意。

店長金井先生跟其他工作人員，會依照情況分別使用兩人份、三人份、五人份的塞風壺，流暢地沖煮咖啡給客人享用。也會詢問客人的喜好，要是有人喜歡喝口味清爽份量少的咖啡，店家便會提供小杯的美式咖啡。

前方是「咖啡館綜合咖啡」，後方是「美式咖啡」各450日圓。美式咖啡比綜合咖啡多了60ml。

沖煮塞風咖啡時，店家會用沙漏計時。

「町田咖啡館」位於東京町田鬧區中的大樓二樓。店裡的氣氛沈穩平和，店長金井悟先生籌畫的吐司菜單，可讓客人從八種國產蜂蜜選擇口味，並計畫表演現場鋼琴演奏。

町田咖啡館　東京都町田市原町田6-13-16　TEL042（722）5616

Syphon Technique

以KONO式塞風壺跟濾紙沖煮

Reels　西洋釣具咖啡店　宮宗俊太

1 在下壺倒入250ml、70～75℃的熱水，擦掉多餘的水分後開小火。

調整瓦斯爐的火舌，讓前端碰到下壺底部，因為熱水升至上壺時要保持93℃，因此不把水煮滾。

2 將兩人份30克的咖啡豆磨成粗顆粒，以竹棒攪拌，使顆粒均勻。利用漏斗將咖啡粉倒進上壺。

均勻的顆粒可讓咖啡粉與熱水平均接觸，使用漏斗就不會讓咖啡粉四散。

3 將上壺斜插進下壺，等到濾網的鍊子產生氣泡，再將上壺穩穩裝好。

斜插上壺可以防止上壺破損跟熱水突沸兩點。涼冷的上壺如果突然插進下壺中，可能會因熱水加溫而破損。

下壺的熱水大約加溫到93℃時，上壺的鍊子就會冒出氣泡，這時候再把上壺插好，就有大約93℃的熱水往上爬升。如果跟上壺接觸的熱水超過93℃，口感就會過酸與過苦，成為過度萃取。

使用粗研磨咖啡粉的原因

「Reels」用在塞風壺的咖啡粉採粗研磨，原因有兩個。

其一是不要有細微粉末。除了防止顆粒太細導致過度萃取外，為了給客人杯子加下壺總共225ml、一杯半的份量，必須防止下壺底部沈積細微粉末。

其二是為了讓攪拌時的口味均勻散佈。如果顆粒小，表面積就會增加，萃取出的成分會變多，因此攪拌的次數也要減少。此店則是使用較多的咖啡粉，增加攪拌次數，逼出粗研磨的口感。

4 氣泡與水蒸氣膨脹，上壺的咖啡粉開始緩緩上浮。等到熱水上升約八成，便以竹製攪拌棒從咖啡粉的外側輕輕推壓三、四次，使其與熱水溶合。

竹製攪拌棒不是垂直將咖啡粉往下壓，而是要利用杓面，感覺像將咖啡粉壓到壺底一般，使粉與熱水溶合。開始攪拌的時候便代表沖煮動作開始。93℃的熱水上升到涼冷的上壺，會降至82～83℃，沖煮溫度剛剛好。

6 攪拌時的離心力會產生咖啡層，依序為較重粉末、液體、較輕粉末、細粉、泡渣。攪拌後把火關小，讓上壺的溫度保持在82～83℃。

7 如是兩人份或三人份，要在熱水全部進入上壺一分鐘後熄火。如果看到金黃色泡沫，以及沖煮後的咖啡粉呈平面，便代表沖煮很成功。

咖啡粉的二氧化碳跟上壺的空氣，會一同與咖啡流進下壺，這時便會產生金黃色泡沫，如果萃取不足便會產生白色泡沫。沖煮後的咖啡粉如果沒有呈平面，代表濾網過濾咖啡的速度不均勻。

5 將咖啡粉壓進水中，再以竹製攪拌棒輕輕攪動上壺中的熱水與咖啡粉，接著像划船一樣擺動棒子。

將竹製攪拌棒伸進熱水表面與壺底的中間位置，如果伸到壺底攪拌，就無法讓熱水充分滲透到上層的咖啡粉中。

Syphon Coffee

Reels的塞風式咖啡

Reels綜合咖啡　500日圓
沖煮方法參閱50頁
Reels綜合咖啡兩人份30克（哥倫比亞、巴西、摩卡、瓜地馬拉咖啡豆，全都會式烘焙，粗研磨）
使用水量250ml／沖煮量225ml
塞風壺＝KONO塞風咖啡壺
濾網＝濾紙（KONO製）
竹製攪拌棒＝KONO製

這杯咖啡完全表現出塞風咖啡芳香怡人的特色。只要再加100日圓，就能品嚐到「KONO式圓錐濾紙」或「KONO式法蘭絨濾網」沖煮出的不同風味。

「馬薩克朗（Mazagran）」冰咖啡使用50克的咖啡粉。考慮到熱水被咖啡粉吸收的份量，使用260～270ml的水。

「馬薩克朗」600日圓，為芳香濃郁的冰咖啡。裝有冰塊的玻璃杯與下壺會隨同咖啡一起端上，第二杯也能享受到濃郁的口感。

「Brasileno」650日圓。以36～40克咖啡粉沖煮的濃郁咖啡，配上鹽巴與發泡過的牛奶，上面有滿滿的奶泡與巧克力。

「塞風拿鐵」650日圓。30克咖啡粉沖煮出的咖啡，配上等量牛奶。奶泡加熱到45℃左右。

宮宗先生選擇塞風壺是因為可以獨立應付多位客人的要求。塞風壺從研磨到沖煮所需的時間最少，而且關鍵是只要訂好攪拌與加熱的時間，就能沖出穩定的口味。

一般的濾滴式沖煮法，是讓咖啡粉充分浸泡在裝有熱水的濾網中。透過咖啡粉與濾網，以重力過濾出咖啡精華，因此熱水的滲透方式會因為使用的濾網而有所不同。不過塞風壺是利用蒸氣壓力，由下而上攪拌咖啡粉，浸泡之後使其釋放精華。最後咖啡粉與渣滓留在上壺，咖啡精華被快速分離至下壺，屬於「半浸泡、半過濾」的沖煮方式。這種半自動作法，能保持穩定的口味。因為這點，宗宮先生認為塞風壺是很完美的沖煮器具。

此為2006年開幕的自家烘豆咖啡專賣店。地點在東京池袋附近的都營電車荒川線「鬼子母神前」站牌前。店內除了擺設「KONO歷代的塞風咖啡壺」與咖啡用品外，也展示著珍貴的釣魚用具。

Reels 西洋釣具咖啡店 東京都豐島區雜司之谷2-8-6 TEL03（6913）6111

Syphon Technique

以三分鐘沖煮法製作濃郁的咖啡

咖啡店TOP　森　良一

1 將沸騰的熱水倒進下壺以洗淨內部，清潔完畢後倒掉，注入200～210ml的熱水，並以毛巾徹底擦乾下壺外側沾附的水滴。

在下壺倒入兩次熱水，可以溫熱壺身。第二次注水時要把下壺拿到跟視線平高，較容易衡量水量。水量過多的話，熱水進入上壺的時間會拉長，沖煮溫度會改變。

2 在下壺點上酒精燈，等到水滾再插入上壺。這時下壺熱水的標準溫度是90℃。

將上壺裝到下壺時要斜插進去。垂直插入的話，下壺的壺口會碰到上壺前端，可能撞破玻璃。

3 磨好咖啡豆，在上壺倒進32克極細研磨的咖啡粉。

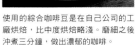

使用的綜合咖啡豆是在自己公司的工廠烘焙，比中度烘焙略淺。磨細之後沖煮三分鐘，做出濃郁的咖啡。

花三分鐘沖煮的塞風式咖啡

　　一般的塞風式咖啡，下壺熱水會在45秒到1分鐘左右升至上壺，在短短的1分30秒沖煮完畢。

　　咖啡店TOP的塞風式咖啡，特色在於從熱水進入上壺開始，攪拌與悶蒸就耗時1分30秒，Aging（沖煮）又花費1分30秒，整個流程共花三分鐘。這是為了沖煮出法蘭絨濾滴般的濃郁咖啡。因為所有精華都沖煮了出來，因此所有風味不分好壞，溶合為一，成為濃醇無比的咖啡。

4 熱水會因為蒸氣壓力，而在45秒到1分鐘左右上升，其中以52秒尤佳。熱水全部進入上壺後以竹製棒攪拌第一次。為了讓咖啡粉與熱水溶合，要由上往下推開咖啡粉。攪拌開始後的1分30秒是悶蒸的時間。在徹底攪拌之後，上壺會依序形成沈澱的咖啡粉、液體、悶蒸的咖啡粉（沒有萃取到）、泡沫渣。

沈澱在上壺底部的細微粉末會開始釋放成分。竹棒不要碰到上壺的底部，否則會造成過度萃取。

5 悶蒸完畢後，倒入咖啡所需的熱水水量，開始1分30秒的沖煮時間。此時水量為280cc，沖煮過程共耗時3分鐘。

沖煮時間是為了讓每一粒咖啡粉都沈浸在85℃以上的溫度，讓酸味變得清新怡人。

6 沖煮完畢後攪拌最後一次，輕輕攪動外側。

最後一次攪拌可以讓尚未萃取的咖啡粉與水溶合，釋出整體精華。

7 移開酒精燈，讓咖啡液流進下壺。

最後會留下咖啡粉與細緻的泡沫，這種泡沫證明了咖啡粉已經徹底悶蒸過。

Syphon Coffee

咖啡店TOP的塞風式咖啡

TOP MIX　450日圓
沖煮方法參閱54頁
TOP MIX兩人份32克（哥倫比亞、巴西、馬塔里摩卡、瓜地馬拉咖啡豆，烘焙程度比中度烘焙稍淺，極細研磨）
使用水量330ml／沖煮量280ml
塞風壺＝HARIO製
濾網＝布製（手工）
竹製攪拌棒＝KONO製

這杯咖啡擁有苦味、酸味、甜味，以及濃郁香醇的味道，口感相當溫潤。即便加入砂糖或牛奶也能品嚐到濃郁的風味，長年受到顧客喜愛。一杯的量為140ml。

持續半世紀以上的塞風式咖啡專賣店

「咖啡店TOP」是自家烘豆的咖啡專賣店，在東京的涉谷與新宿擁有五家店鋪。涉谷總店『站前店』於1952年創業。

自從這家咖啡店開幕後，在涉谷與新宿就有越來越多忠心的老顧客。

本次採訪的『道玄坂店』在道玄坂中央大樓的地下一樓，於1971年開幕。涉谷現在給人的印象多為年輕人的集散地，但上班族或來這裡購物的成年人，會到這間店享受咖啡，十分熱鬧。

咖啡店TOP認為塞風式咖啡的優點在於賞心悅目的表演性質。而對客人來說，看到專業且純熟的表演，也會感到十分放心。

在操作方面，塞風壺除了能一次沖煮好幾杯咖啡之外，也能一邊沖煮咖啡一邊做別的工作。據說塞風壺的另一項優點，就是能在最後攪拌時才抬起頭來，確定客人在座位上的情況，計算端出咖啡的時機。

使用塞風要注意的是不能用沾濕的手觸碰壺身。因為上、下壺的外側如果碰到水，除了有破裂的危險性之外，水滴還可能在沖煮時澆熄酒精燈，讓上壺的咖啡突然流入下壺。酒精燈的火力在過了高峰期後就要補充酒精，這樣可以防止燈蕊燒焦，也能保持火力。

如果熱水上升太快，就把燈蕊壓進去，讓火焰較小。相反地，若熱水上升太慢，就拉出燈蕊，讓火焰變大。為了不讓燈蕊燒焦，要隨時加滿酒精。

創業者室谷宗一先生想出了獨特的咖啡用具，左方照片是運用平衡原理的湯匙，可量出一人份16克的咖啡粉。右方照片是保持酒精燈火力穩定的防風罩。

圖為咖啡店TOP道玄坂店。他們在涉谷有三家、新宿有兩家。道玄坂店有吧台座位跟一般座位，從涉谷車站步行五分鐘即可抵達。

咖啡店TOP道玄坂店 東京都涉谷區道玄坂2-29-7 道玄坂中央大樓B1 TEL03（3461）1624

Syphon Technique

以鹵素爐跟濾紙沖煮

COFFEE HOUSE TOMTOM　小池美枝子

1　準備沸騰的熱水，倒進下壺。

下壺有杯子標誌可以當作水量指標。考慮到咖啡粉會吸水，沖煮出來的量會比原本少一點，因此熱水要加得比杯子標誌高1公分左右。

2　準備濾網，裝上濾紙。

法蘭絨濾網在使用前後都需要保養跟管理，相較之下，濾紙的優點在於每次沖煮後可以換掉，比較方便。

3　將裝有濾紙的濾網穿過上壺，確定濾網已穩穩裝上。

在「COFFEE HOUSE TOMTOM」當咖啡師的小池小姐，曾拿下「2006日本咖啡師大賽」塞風壺組的冠軍。比賽特別注重準確與迅速的沖煮手法，這點在平常做生意的時候也很重要。

此外小池小姐在沖煮後會檢查上壺的咖啡粉，如果形成圓丘便是較理想的狀態。若沒形成圓丘狀，多半是萃取過度，可以拿來當作沖煮成功與否的判斷標準。

4 擺起上壺。斜向插入，不要完全插進去，在上壺跟下壺之間保留一點空隙。

如果沒裝起上壺就加熱，熱水可能突然沸騰，從下壺噴出來。

5 熱水沸騰、氣泡消失後，將上壺徹底插好，放進咖啡粉。

小池小姐用的是自家烘焙的咖啡豆，研磨程度由中到粗，一人份的標準為15克、兩人份25克。如果粉磨得太細，很容易塞住濾網，特別是使用法蘭絨濾網的時候，因此必須注意。

6 先以大火加熱，熱水進入上壺後開始攪拌，再將火調小。等待30～40秒後再次攪拌，同時把火關掉。

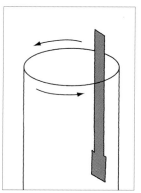

竹製攪拌棒伸進上壺時，前端要與玻璃面垂直，以逆時鐘方向攪拌。

7 等待萃取出的咖啡流入下壺。沖煮後要檢查上壺的咖啡粉是否形成圓丘狀。

Syphon Coffee

TOMTOM的塞風式咖啡

塞風式咖啡　450日圓
※沖煮方法參閱58頁
瓜地馬拉兩人份25克（中研磨～粗研磨）
使用水量約290ml／沖煮量約280ml
塞風壺＝HARIO TCA-2
濾紙＝HARIO製

這杯咖啡使用自家烘焙的咖啡
豆，再以塞風壺沖煮。照片中的
是「瓜地馬拉」，以塞風壺沖煮
兩人份的量，直接用下壺端給客
人。

此為小池咖啡師為了紀念自己奪得「2006日本咖啡師大賽」冠軍而販賣的「冠軍咖啡」450日圓。只有這道才會沖煮一杯的份量。

店裡也提供塞風沖煮的花式咖啡，前方是加有柳橙利口酒的「瑪麗亞·泰瑞莎（Maria Theresia）」580日圓、後方是「肉桂卡布奇諾」530日圓。

提供客人兩杯的份量

「TOMTOM」使用的塞風壺可萃取兩杯的份量。店家會連同下壺，將兩杯的份量端給點塞風咖啡的客人。

讓客人以自己的步調，輕鬆享受滿滿的咖啡，這點與高品質的自家烘焙咖啡豆都是「TOMTOM」廣受好評的原因。

即便客人很多，店家依然沖煮兩人份。老闆小池康隆先生說，這是要向所有客人表明店家「專門為您沖煮咖啡」的態度。又說「因為塞風壺沖煮的動作看起來又大又漂亮，所以能徹底表達店家的態度」。

「TOMTOM」除了照片中的利根町店以外，也有濃縮咖啡店跟咖啡豆專賣店。老闆小池康隆先生在利根町店旁邊設置玻璃溫室，種植「利根咖啡豆」。

COFFEE HOUSE TOMTOM利根町店　茨城縣北相馬郡利根町橫須賀804-1 TEL0297（68）8154

Syphon History

由日本人將其臻至完美的塞風壺

咖啡塞風股份有限公司　董事長　河野敏夫

塞風壺是日本人特有的咖啡沖煮方式，其沖煮器具是由日本人不斷投入「苦心與研究」之後才發明並開發出來。

我們之所以有現行這完美的塞風壺，都要歸功於咖啡塞風股份有限公司的河野敏夫先生。他發明過各式各樣的用具，像是圓錐形濾紙，以及刀刃採用不會產生摩擦熱的特殊金屬，還有以大小不同的五芒星形狀嵌合起來的研磨器。在河野先生55年的咖啡工作生涯中，第一個著手的工作就是改良創業者留下的塞風壺。

塞風壺於大正15年（1924）誕生

大正8年（1917），曾在九州帝國大學醫學部學習解剖學的河野彬先生，也是之後咖啡塞風股份有限公司的創業者，受到外務省的委託，前往新加坡就任大使館醫務官。河野彬在新加坡嚐到咖啡，並深深為其著迷，據說還買到法國製的真空壺。但他無法接受這種咖啡的口感，從此開始研究咖啡的沖煮器材。

河野彬先生因為大正13年（1922）的關東大地震而回到日本，在東京車站八重洲口設立島屋商會，一邊出口醫療用品，一邊在三之輪小泉玻璃的小泉老闆幫助下，研究自己想出的咖啡沖煮器材。他在玻璃加工方面，像是下壺的形狀及上壺玻璃管的大小等費盡苦心，終於在大正15年（1924）成功研發出可上市的商品。

當時命名為「茶啡塞風壺」，這就是塞風壺的誕生。河野的夫人美智女士在昭和3年（1927）於日本橋的三越百貨進行「實地表演」的宣傳活動，據說她是第一位這麼做的日本女性。

其後因為戰爭造成物資缺乏，因此暫停製造塞風壺。昭和24年（1949），河野彬先生撐過苦難的時期，重新開始製造塞風壺，但兩年後突然逝世。河野彬先生過世的前四個月，也就是昭和27年（1952），敏夫先生入贅到河野家，之後便繼承一切。

耗費五年的時光完成塞風壺

「我原本在推銷領帶，除了不懂塞風壺之外，也壓根不瞭解咖啡跟玻璃這方面。我只認為咖啡很苦，不覺得好喝。但岳母還是要求我當專任董事，於是我便四處拜訪客戶談生意。」

據說當時製作的塞風壺，用的是幾近天然的玻璃，客戶因為玻璃破裂而傳來的抱怨聲不絕於耳。

在這情形之下，敏夫先生從零開始，學習塞風壺、咖啡與玻璃的知識。

關於塞風壺跟咖啡，他向當時馬食町「EVIAN」的金田老闆學習。又在金田老闆的介紹下，認識日東咖啡的長谷川老闆，學習烘焙與沖煮。在玻璃方面，他不斷跑去耐熱玻璃的工廠，說服玻璃師父一同合作。

除了提升上、下壺的強度外，還將下壺的壺口做成正圓形，解決上下壺接合的問題。再來為了防止突沸（熱水突然沸騰，使上壺的咖啡與熱水噴

現存最古老的塞風咖啡壺

這是大正時代的的盒子，用來裝左方照片的塞風壺。盒子上寫著「茶啡塞風壺」，在當時是賣來當作泡紅茶跟咖啡的用具。

此為大正時期販賣的初期塞風壺，目前保存於咖啡塞風股份有限公司。由河野彬先生所研發，是現在名門型的前身，但上壺還沒有分段結構。

這是昭和3年（1928）在上野池之端七軒町的河野家舉行的咖啡宴會。照片右起第二位為河野彬先生，桌上可看到塞風壺。

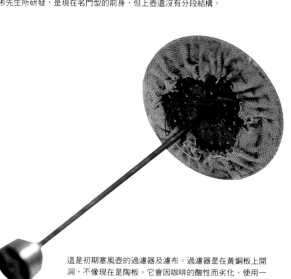

這是初期塞風壺的過濾器及濾布。過濾器是在黃銅板上開洞，不像現在是陶板。它會因咖啡的酸性而劣化、使用一段時間便會翹起來等等。當時的過濾器並非彈簧式，而是在手把刻上螺紋，鎖在上壺的頸管下面。

起），還在濾網的勾子裝上珠鍊，水滾時鍊子便會產生氣泡。這時推銷領帶的經驗便發揮作用了。

「我去拜訪大學的老師，他告訴我因為構造的關係，下壺在沸騰前不會有氣泡，所以會突然產生壓力，讓咖啡從上壺噴出來。當我在想如何是好的時候，就想到領帶夾不是會用珠鍊嗎，因為珠鍊是空心的，所以會產生氣泡。」

其他還有為了增強上壺與濾網的接合力，而將上壺下方改為分段結構，讓濾網跟壺底緊密貼合，防止咖啡從濾網側面溢出。還把濾網改為陶製，四處開洞，讓咖啡能從中間滴落。在這一連串的努力之下，終於消除人們「塞風壺泡的咖啡又薄又難喝」的刻板印象。

改良塞風壺大約花了五年的時間，在昭和32年（1957）終於誕生了「PR型」塞風壺，也就是現今塞風壺的前身。

「我想做出日本第一的塞風壺，所以不斷改良。這不只是回報先人的恩情，也是希望產品能取悅愛喝咖啡的人。」

其後歷經了昭和40年代（1965～1974）的塞風壺風潮，敏夫先生完成的塞風壺不只店家愛用，還深入了一般家庭。

敏夫先生除了前面提到的，不斷發明與研發各種咖啡器具外，這30年還跑遍全國的咖啡業者與專賣店，努力推廣塞風壺。「或許什麼都不懂，不被人家當作對手才叫幸福，所以不管是咖啡還是玻璃，大家都從頭一一教我。特別是各位師傅的教導實在助益良多。」

塞風壺擁有80年以上的歷史，或許是河野敏夫先生「不能輸人，要做出好產品」這種不屈不撓的意志，打動許多人的心，使其伸出援手，創造出日本獨特的咖啡文化吧。

在昭和30年代完成了現行機種的前身

這是河野敏夫董事會長不斷改良，終於臻至完美的塞風壺。在昭和32年（1957）命名為「PR型」，意為「推廣品」。而「名門型」則繼承前人河野彬先生的塞風壺型態，並加以改良。

現行的塞風咖啡壺

圖為三人份的「PR型」（左）與「名門型」（右）。有上蓋、上壺、上壺架、濾網、濾布、下壺、壺架、酒精燈、擋風罩、小湯匙。

現行的濾網、濾布與濾紙

新的濾布要裝在濾網上用滾水大約煮十分鐘，煮掉布上的漿再使用。使用後要洗乾淨，放進有水的密閉容器中，以冰箱保存。

Syphon Technique

使用KONO式塞風壺（三人份名門型）沖煮的基本技術

咖啡塞風股份有限公司　董事長　河野雅信

1 將符合人數的熱水倒進下壺，一人份的標準為120～125ml。咖啡豆一人份12克，採中細研磨，倒進裝好濾網的上壺。

下壺外側的水滴要擦掉，否則有破裂的危險。倒進下壺的熱水要讓它降至90℃左右。照片中的咖啡粉是中度到中深度烘焙的綜合咖啡豆。

2 將酒精燈的燈蕊調整到五釐米之後點火，這是三人份塞風壺的標準。

要將燈蕊調整到火焰前端能碰到下壺，稍稍分叉的程度。燈蕊短的話，火焰就會變小；拉長的話火焰會變大。

3 水溫約93℃時，下壺會產生氣泡。氣泡出現後將上壺輕輕壓進去裝好。

4 下壺的水慢慢升進上壺，因為熱水接觸到冷的上壺，所以溫度大約會降低10℃，上壺內部會變成83℃左右。

 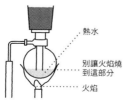

熱水
別讓火焰燒到這部分
火焰

熱水跑進上壺後，不能讓火焰高過下壺剩餘的熱水（右圖），否則會空燒，當咖啡流回下壺時有破裂的危險。

5 熱水進入上壺後，用竹製攪拌棒由外而內將咖啡粉壓進水裡。咖啡粉完全沈進水中後，便慢慢攪拌，讓粉浸泡在熱水裡。

如果咖啡粉還沒沈進水裡就攪拌，會因為離心力而無法浸在水中。攪拌兩次以上就會產生細粉等雜質，必須小心。

6 攪拌後，沖煮三人份的標準時間為50秒、兩人份60秒、五人份40秒。此時上壺內部會形成咖啡液、咖啡粉、泡渣三層。

7 沖煮時間結束後，熄掉酒精燈，上壺的咖啡便會流入下壺。

因為濾網是KONO式塞風壺的特色，所以如果咖啡粉跟熱水徹底溶合，就會產生金黃色的泡沫。有了泡沫，咖啡就會緩緩流進下壺，不會摻有雜質。

咖啡塞風股份有限公司　東京都文京區千石4-29-13 TEL03（3946）5481

Revival of Miniphon

兼具效能與美觀的
「世界最小塞風壺」重獲新生

HARIO GLASS股份有限公司 後藤健二

1973年，這時期剛好碰上石油危機與越戰結束，國際情勢動盪不安，詭譎多變。咖啡界也是，在法蘭絨布配上沖架，一次沖煮大量咖啡的形式之後，塞風壺也隨之登場。在它逐漸普及後，就是咖啡店的全盛時期。

「世界最小的塞風壺」便在這種情勢下誕生。它之所以會成為商品，居然也是因為HARIO業務部的要求。當時因為業務員要帶著大型塞風壺去各地店家推銷，所以才希望公司研發攜帶方便又不佔空間的輕巧塞風壺。

當時這項計畫交由進公司第三年的後藤健二等四名設計人員負責。

迷你塞風壺的高度約18公分、寬8.8公分、上方口徑約6.7公分。實際沖煮量約120ml，大約是自家「TECHNIKA」塞風壺的三分之一。迷你塞風壺花了兩年的時間完成研發。

當時後藤先生還是菜鳥便負責研發工作，他一邊參考國外的樣本，一邊設計迷你塞風壺。他著眼於咖啡用具這種娛樂性產品，有七成的家庭會收起不用，因此努力追求塞風壺的功能性及作為擺飾的設計感。經過了素描、製作形體（用鋁製作，確定實際的重量）、起草設計圖等各式各樣的流程，才有了現在的型態。

當年沒有電腦，後藤先生利用圓規將把手微妙的曲線化為設計圖，整整三天沒睡（本頁的背景圖就是其設計圖）。

製作了20～30個設計樣式後，第一代的迷你塞風壺終告完成，還採用了24K金的鍍面。目前的再版商品雖然是不鏽鋼製，不過形狀跟大小都沒有改變。

在迷你塞風的顛峰期，一年可以賣8～10萬台，當時的售價是2500日圓，購買者多為二十歲以上的男性。比起營業用的機種，它更讓真正的咖啡普及到一般家庭裡。

重視安全的現行型號

迷你塞風壺從1973年開始銷售，連續販賣十年。之後雖然更改型號，變得稍大一點，但在93年暫時停止販賣。歷經了十年的空白，於2006年9月再版登場。

再版型號的最大重點在於「小洞」

上壺前端開了直徑約1釐米的小洞，這樣可以防止突沸現象。

再版最大的改良點在於上壺前端有1釐米左右的小洞，可以防止沖煮時經常產生的突沸（熱水突然噴起）。此外酒精燈也附上蓋子，用的材料跟把手一樣都是不鏽鋼。

公司之所以這麼做，起因於95年政府實施PL法（產品責任法），對產品安全的要求比以往更加嚴格。

其他還改良了收藏時用到的上壺蓋，讓上壺使用後可以插著立起來，使作業流程更順暢。上壺內側的橡皮圈也從合成橡皮改為矽橡膠。

不用濾布時會沖煮出粗獷的咖啡，使用濾布又可以享受香醇風味，雜質極少，這點倒是完全繼承之前的特色。

因為「想讓人對咖啡再次刮目相看」，迷你塞風壺才又重生於現代，目前一台要8400日圓。06年9月～12月的三個月便已賣出約六千台。

在73年的時候充斥著許多粗製濫造的塞風壺，但迷你塞風壺在這之中形體雖小，卻能重現真正的味道。

「我很慶幸自己因為深愛咖啡而做出迷你塞風壺。即使過了三十多年到現在，它的功能與重要性依然受到顧客的肯定。我能把喜愛咖啡的心意化為產品、達成新的挑戰，真的相當高興。」

迷你塞風壺的新舊型號

迷你塞風壺暌違33年終於再版。（照片前者）為第一代迷你塞風壺，本體部分鍍上24K金。形狀相同的再版商品（照片後者）上有細緻的花紋。

新型態的迷你塞風壺之改良點

（左方照片）塞風壺在桌上沖煮時，常為上壺沒地方放所苦惱，因此附上腳架，著重於用具本身的美觀。（右方照片）濾網表面做成凹凸狀，不用濾布時可沖煮出口感粗獷的咖啡。

後藤健二
1970年進入現在的HARIO GLASS股份有限公司，負責塞風壺的設計與製造。除了公司歷代的塞風壺之外，也研發了沖茶器「HARIOR」跟「COFFEE ROASTER」。

1973年的型錄。讓人體會當時的氣氛與時代感。

Miniphon Technique

使用迷你塞風壺（一人份）沖煮的基本技術

HARIO GLASS股份有限公司宣傳　辻本真理

1 將濾布嵌上濾網，裝到上壺。此時要將絨毛面朝上裝在濾網。

2 將熱水倒進下壺，把點燃的酒精燈移至下壺中央，水量為130～140ml。

冷水煮到滾大約要花七分鐘，用熱水可以縮短時間，而且加熱可以維持整體的溫度。

3 咖啡豆採中研磨，一人份約12克，倒進裝有濾網的上壺中。

倒入咖啡粉後輕敲上壺，讓粉攤平。

4 將上壺插入下壺。

上壺尖端開有1釐米的小洞，能預防突沸現象，可以不用等到水滾就插入上壺。此外也能預防下壺的水在沸騰前進入上壺。

5 約兩分鐘後，下壺的熱水開始對流，接著產生氣泡（左方照片）。同一時間，下壺的水開始進入上壺（右方照片）。

下壺熱水的溫度到達92～95℃時，便會進入上壺。

6 下壺的水剩一公分時，就以攪拌棒輕輕斜切攪拌，讓咖啡粉與熱水溶合。

7 下壺熱水完全進入上壺一分鐘後，拿開酒精燈。下壺溫度降低，上壺的咖啡就會流進下壺，之後卸下上壺。

沖煮量約120ml。

HARIO GLASS股份有限公司 東京都中央區日本橋富澤町9-3 TEL0120（398）207

Espresso

濃縮咖啡的基本技術與品項變化

Seattle Espresso

西雅圖式濃縮咖啡的技術與品項

SS&W有限公司　DOUBLE TALL涉谷店　藤田　勝

義大利風格是不加牛奶，直接飲用濃縮咖啡，西雅圖風格則不同，一定會加上發泡過的牛奶，做成濃縮咖啡飲品。要有美味的西雅圖式濃縮咖啡，必須齊備品質優良的濃縮咖啡豆、濃縮咖啡機以及咖啡師的技術這三大條件。

西雅圖式的基本款
拿鐵咖啡

這是在濃縮咖啡中加入發泡過的牛奶（以下稱發泡牛奶），在西雅圖式的濃縮咖啡裡特別受歡迎，可說是店裡的招牌產品。這裡的「拿鐵咖啡」是指熱飲，冷飲叫做「冰拿鐵咖啡」。以拿鐵咖啡為基底，加入各種口味的糖漿或利口酒，便能做出各類花式咖啡（74頁）。

材料（一人份）
☐濃縮咖啡　30ml
☐發泡牛奶　210ml

1 先沖煮濃縮咖啡（72頁）。DOUBLE TALL會用容量240ml的咖啡杯。再沖煮30ml（一杯份）的濃縮咖啡。

2 濃縮咖啡沖煮完畢後，將杯子稍微傾斜，一邊左右小幅搖動發泡鋼杯，一邊倒入發泡牛奶。

3 慢慢讓杯子回到水平，帶動鋼杯，從中間將大理石花紋一分為二。

西雅圖式濃縮咖啡的魅力
拉花藝術

拉花藝術就是利用倒入濃縮咖啡的發泡牛奶，在表面畫出心型或葉片花紋的技術。舉例來說，只要做到上述三項手續，就能拉出葉片形狀的花紋。只要改變微妙的手勁，也能畫出連續二片或三片的花樣。只要能平穩地倒入發泡牛奶，要學這項技術就簡單了。

左右拿鐵咖啡美味與否的重點
奶泡的好壞

　　發泡就是要打出牛奶的泡沫，也就是把蒸氣打進牛奶中，促進對流打出奶泡。理想的奶泡要像絲綢或天鵝絨一樣柔滑，極之細膩。含到嘴裡，感覺泡沫要在舌頭上化開一樣，更能感受到牛奶的香甜。

　　將這種牛奶倒入濃縮咖啡的話，牛奶的泡沫與濃縮咖啡的泡沫會合為一體，完成口感怡人的拿鐵咖啡。小酌一口便能發現，雖然加了很多牛奶，但餘味相當有勁，這就是西雅圖式的拿鐵咖啡。

1 讓濃縮咖啡機的蒸氣噴嘴空噴，噴去多餘蒸氣。

2 在鋼杯中倒入冰牛奶。

3 將杯子微微傾斜，讓噴嘴前端沒入牛奶中。

4 徹底轉開蒸氣旋鈕，開始發泡。

開始發泡後，噴嘴噴出的蒸氣會帶動旋渦般的對流。如果有「喀啦喀啦」聲，就代表對流正常。只要習慣，便能藉由手持鋼杯時感受的溫度及震動，判斷牛奶有無對流。

5 一點一滴慢慢放下鋼杯，讓蒸氣噴嘴的前端幾乎離開牛奶表面，藉此把空氣打進去。

噴嘴前端接近牛奶表面到某種程度時，就會產生「咂咂咂」的聲音，那個位置就是空氣順利打進牛奶的點。如果噴嘴前端離牛奶的表面太遠，就會打進太多空氣，產生許多氣泡。相反地，如果噴嘴放得太深，便發不出理想的奶泡。這裡的重點就是要抓到空氣順利進入的點。

6 將噴嘴再次沒入牛奶中，產生對流，攪拌空氣與牛奶。

攪拌的時間越長，越能發出細緻的泡沫。

7 開始發泡15～20秒後，關上蒸氣旋鈕。

完成發泡牛奶時的溫度為65～70℃。老練的咖啡師可以用鋼杯傳來的熱度來感應適當的溫度。

8 讓蒸氣噴嘴再次空噴，避免牛奶殘留，之後用毛巾等物擦拭噴嘴。

9 一邊轉動鋼杯一邊以杯底輕敲吧檯，使奶泡均勻。

這道手續可以打掉過大的泡沫，使其均勻柔細。這道過程的有無，會大大影響奶泡的口感。

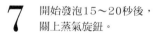

Basic
西雅圖式濃縮咖啡的基本變化

不輸牛奶的濃郁口感與芳香
濃縮咖啡

製作西雅圖式濃縮咖啡，可說一定要搭配牛奶，因此它較義式濃縮咖啡更濃，也是所有濃縮咖啡飲品的基底。濃縮咖啡正確的沖煮手法，就和牛奶的奶泡一樣，可說是決定其美味與否的重要指標。一般而言會將濃縮咖啡倒在陶製的小咖啡杯裡端給客人。

濃縮咖啡的沖煮流程

1 以電動研磨機將濃縮咖啡用的咖啡豆磨成粉，裝進滴濾手把中。

如果咖啡粉磨得太細，顆粒會塞住濾網，沖煮較花時間，做出來的濃縮咖啡苦味較重，口感較濃。相反地，磨得太粗則沖煮較快，味道較淡，欠缺香醇與濃郁的口感，研磨程度最好在兩者之間。磨好的豆子放太久會氧化，口感會變差，因此最好每次要沖煮時再研磨。

2 填壓咖啡粉。

所謂填壓是以填壓器壓平滴濾手把中的咖啡粉，使其表面呈現水平。從研磨機落到滴濾手把的咖啡粉會呈山形，因此要輕敲側面，攤平之後再填壓。一開始先用填壓器將咖啡粉壓成平面，接著再一邊輕壓一邊扭轉。不同人不同店家，填壓的次數跟力道都不同。咖啡豆磨得太粗時要用力填壓，磨得太細時則需減輕力道，依照研磨狀況來改變填壓的程度。

3 將滴濾手把裝到濃縮咖啡機上，開始沖煮。「DOUBLE TALL」用的滴濾手把可一次沖煮兩杯，沖煮時間需要18～30秒。平時20克左右的咖啡粉可以沖出兩杯30ml的濃縮咖啡。

最好的沖煮狀態是緩慢滴落不間斷，如果出來的濃縮咖啡表面有人稱克麗瑪（crema）的泡沫，便是沖煮成功的證明。如果無法順利沖煮，就要調整填壓的力道。

特徵在於鼓起的綿密奶泡
卡布奇諾

卡布奇諾有充滿泡沫的乾卡布奇諾（dry），還有牛奶泡沫較少，如絲般光滑的濕卡布奇諾（wet），這裡介紹的是濕卡布奇諾。可依喜好再灑上可可粉或肉桂粉。

材料（一人份）
□ 濃縮咖啡30ml
□ 發泡牛奶200ml

1 將冰牛奶放進牛奶鋼杯，打入的空氣要比製作拿鐵時更多。

2 發泡完成後將鋼杯放在一旁，讓泡沫均衡一下。

3 奶泡放置一旁時，將濃縮咖啡沖進咖啡杯。

4 用湯匙舀起奶泡，從外側開始填滿，像要蓋住濃縮咖啡一樣。

5 將奶泡填滿整個咖啡杯，造出大約一公分的奶泡山後，再將奶泡下的牛奶從中間倒進杯裡。

放上滿滿的鮮奶油
維也納咖啡

這是將鮮奶油添在上面的濃縮咖啡飲品，將鮮奶油放在咖啡上喝，可說是一般維也納咖啡的濃縮口味。「DOUBLE TALL」是裝在玻璃杯中，並非陶杯。濃縮咖啡的黑跟鮮奶油的白，對比的色彩相當漂亮。

材料（一人份）
□ 濃縮咖啡30ml
□ 熱水180ml
□ 鮮奶油兩大匙
□ 可可粉適量

1 在玻璃杯中倒入適量的熱水。

2 讓裝有熱水的玻璃杯承接沖煮出的濃縮咖啡。

3 在步驟2的杯子中，以大湯匙放上兩人份的鮮奶油，最後灑上可可粉便大功告成。

巧克力風味的微苦飲品
冰摩卡

巧克力的甜味與濃縮咖啡的苦味調和得恰到好處。與冷飲相較之下，熱飲版本則稱「摩卡咖啡」。冰摩卡因為水分較多，難以感受巧克力的風味與甜度。

材料（一人份）
□ 濃縮咖啡60ml
□ 牛奶290ml
□ 巧克力醬15ml
□ 冰塊適量

1 將牛奶倒進裝有冰塊的玻璃杯。

2 在步驟1的杯子裡加入巧克力醬。

3 用小玻璃杯沖煮濃縮咖啡。

4 將兩杯份的濃縮咖啡倒入步驟2的杯子。

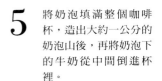
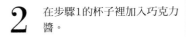

Original

DOUBLE TALL原創的濃縮咖啡飲品

風味型

這一類是使用香草、焦糖、杏仁、椰子等口味的糖漿製作濃縮咖啡飲品。「DOUBLE TALL」使用西雅圖出產的「達文西」糖漿，它是專為風味拿鐵所製作。

映照出大理石紋路與紅色色調
冰白巧克力草莓摩卡

這是冰摩卡的衍生品項，用白巧克力醬取代巧克力醬，再以草莓糖漿增添風味。

材料（一人份）
- □ 濃縮咖啡60ml
- □ 牛奶290ml
- □ 白巧克力醬15ml
- □ 草莓糖漿10ml
- □ 冰塊適量

1 將草莓糖漿注入玻璃杯中。

2 在步驟1的杯中加入冰塊，再倒入冰牛奶。

3 在步驟2的杯子裡淋上白巧克力醬。

4 將兩小杯的濃縮咖啡倒進步驟3的杯子裡。

濃縮咖啡與香料的調和
蜂蜜拉茶拿鐵

它調合了濃縮咖啡與拉茶糖漿，其中充滿肉桂與薑汁的香氣。再加入蜂蜜，做出稍微偏甜的口感。

材料（一人份）
- □ 濃縮咖啡30ml
- □ 牛奶210ml
- □ 蜂蜜一大匙
- □ 拉茶糖漿一小匙

1 在咖啡杯中注入拉茶糖漿。

2 用步驟1的杯子沖煮濃縮咖啡。

3 將發泡牛奶倒進步驟2的杯子裡。

適合西雅圖式咖啡的
濃縮咖啡專用豆

「DOUBLE TALL」從西雅圖的『D'arte』買進「佛羅倫斯（Florence）」、「卡布里（Capri）」、「陶明那（Taormina）」三種咖啡豆來用。「佛羅倫斯」圓潤芳香、「卡布里」擁有恰到好處的濃郁口感、「陶明那」更為濃郁，香氣逼人。雖然西雅圖式的濃縮咖啡多採重度烘焙，但烘焙過度會加重苦味與澀味，因此以深烘焙（dark roast）或中深烘焙（medium dark）為佳。

利口酒型

此為加入利口酒製作而成的濃縮咖啡飲品。在「DOUBLE TALL」除了有以下介紹的君度橙酒（Cointreau）、黑醋栗酒（Cassis）、貝里斯奶油酒（Baileys）以外，還有用杏仁酒（Amaretto）與咖啡酒（KAHLÚA）調製而成的咖啡。

幽雅高貴的芳香
維也納咖啡香橙口味

材料（一人份）
□ 濃縮咖啡30ml
□ 熱開水180ml
□ 君度橙酒15ml
□ 香草糖漿8ml
□ 鮮奶油兩大匙
□ 糖粉適量
□ 可可粉適量

這是維也納咖啡的延伸，其中有濃縮咖啡、香橙口味的利口酒，以及香草與可可亞的風味。充滿重量感的君度橙酒與香草糖漿，和熱開水與濃縮咖啡相分隔，口感很有層次。風味與口味都相當柔和。

1 在杯中倒入君度橙酒與香草糖漿。

2 在步驟1的杯中加入熱開水。

3 用步驟2的杯子沖煮濃縮咖啡。

4 在步驟3的杯子上，用大湯匙舀進滿滿兩人份的鮮奶油。

5 在邊緣灑上糖粉，沾到杯緣也沒關係，中間則灑上可可粉。

淡紫色的美麗色調
黑醋栗卡布奇諾

這是以黑醋栗為原料的利口酒配上濃縮咖啡的組合。奶泡本身帶有淡淡的紫色，在「DOUBLE TALL」會直接端出給客人，不添加多餘配料。

材料（一人份）
□ 濃縮咖啡30ml
□ 牛奶210ml
□ 黑醋栗酒30ml

1 在牛奶鋼杯中倒入冰牛奶與黑醋栗酒。

2 將步驟1的牛奶發泡成卡布奇諾用的奶泡。發泡完成後暫時擱在一邊，讓泡沫均勻。

3 其後流程同卡布奇諾（73頁）。

貝里斯奶油酒與拿鐵咖啡的融合
貝里斯拿鐵

其中的貝里斯奶油酒是用威士忌與奶油混合而成，是口感芳香濃醇的濃縮咖啡飲品。

材料（一人份）
□ 濃縮咖啡30ml
□ 牛奶210ml
□ 貝里斯奶油酒20ml

1 將貝里斯奶油酒倒進玻璃杯中。

2 用步驟1的杯子沖煮濃縮咖啡

3 發泡牛奶。完成後暫時放著，讓泡沫均勻。

4 將發泡牛奶倒進步驟2的杯子。

本店位於大道深處幽靜的地方，店家的開放式陽台擁有木頭溫暖的氣息，相當顯眼。店裡有沙拉配飲料的午間套餐，菜色每天更換，還有各種三明治、自製甜點與小點心等等。除了濃縮咖啡飲品（400日圓起），食品菜單也相當豐富。

DOUBLE TALL澀谷店　東京都澀谷區3-12-24　澀谷東區2樓　TEL03（5467）4567

Italian Espresso

義式濃縮咖啡的技術與品項

FMI股份有限公司　顧問室經裡　根岸　清

Espresso

濃縮咖啡本身的美味是一切的基礎

在義大利說到咖啡就是指濃縮咖啡（espresso），而在平日販賣濃縮咖啡的地方則稱做BAR（咖啡吧），其中一定要有名為BARISTA的專家。以專業技術沖煮濃縮咖啡的人就是BARISTA（咖啡師）。

為什麼需要咖啡師呢，這是因為用機器沖煮濃縮咖啡需要技術。可不是只要按下機器上的鈕，大家沖出的濃縮咖啡都會一樣。

沖煮時的壓力、熱水的溫度、熱水的量、咖啡粉的研磨程度、將咖啡粉裝進滴濾手把的手法、咖啡豆的烘焙程度，這些都會改變濃縮咖啡的味道。為了沖煮出美味的咖啡，需要專業的技術人員來調整機器與咖啡。

此外在咖啡吧，客人會有各式各樣的要求，像是加量、減量、只要奶泡不要牛奶等等，條件十分瑣碎。店家必須迅速因應其需求，所以需要專業的咖啡師。

真正的濃縮咖啡，連喝法都要講究

為了將機器調整到能沖出好喝的濃縮咖啡，我們必須先請大家知道何謂好喝的濃縮咖啡。首先濃縮咖啡的口感並非苦味，而是怡人的美味。

它的特色就是帶有芳香濃醇的怡人美味。因為芳香濃郁，所以喝完還能充分享受持久的咖啡口感。

義式濃縮咖啡的要件

在口中散佈的芳香

加砂糖飲用為義大利的特色。甜味不會殘留在口中，而是有濃縮咖啡獨特的芳香濃郁與怡人美味，在口中擴散開來。

20～30ml

真正的義式濃縮咖啡為20～30ml，如果水量過多，就會破壞濃縮咖啡珍貴的美味與濃醇。

適合的杯子

適合濃縮咖啡的杯子，是最大容量50～70ml，不易冷卻的厚咖啡杯。

綿密的泡沫

要有正確的沖煮手法，才會有綿密的泡沫。綿密到即使加了砂糖，糖粒彷彿也會浮在泡沫上。

微溫的溫度

以90℃的水溫沖煮後，咖啡會變為約75℃。為了不讓微溫的濃縮咖啡冷卻，因此要用較厚的小咖啡杯。

沖煮濃縮咖啡的順序

1 第一個步驟就是把滴濾手把內的咖啡渣倒掉。為防咖啡染上金屬味，咖啡渣要在第二次沖煮前才清掉。

2 將磨好的咖啡粉裝進滴濾手把，公克數要保持穩定（沖煮兩杯的標準是14克），因為咖啡豆容易氧化，所以需要用時再磨。

3 壓平滴濾手把內的咖啡粉。填壓時力道要輕，並將機器調整到最佳的沖煮狀態。

4 將機器調整到不管沖煮一杯或兩杯，所花的時間都一樣。如果只沖煮一杯，就要增強步驟3的填壓力道。

成功沖煮的重點

適合的咖啡豆

需綜合五種以上的咖啡豆，並炒至約都會式烘焙的程度，酸、甜、苦味的平衡相當重要。研磨要呈現粉狀，因為磨得很細所以容易氧化。一定要以新鮮咖啡豆現磨現沖。就算是同一台研磨機，較硬的豆子磨出來的粉末會比較粗，必須注意。

適當的水溫與壓力

美味的濃縮咖啡，水溫要設在90℃、沖煮壓力設在九個大氣壓。一定要選擇性能穩定的濃縮咖啡機。

沖煮時適當的調整

最好以適當的水溫沖煮20～30秒，沖煮量為20～30ml。壓力與水溫過低、咖啡粉太粗，都會造成萃取不足；壓力與水溫過高會造成萃取過度。（適當的水溫為90℃）

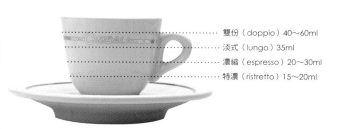

雙份（doppio）40～60ml
淡式（lungo）35ml
濃縮（espresso）20～30ml
特濃（ristretto）15～20ml

所以即便只有少少的20～30ml，仍是可以跟客人收錢的商品。

機器沖煮的濃縮咖啡，特徵之一就是會產生泡沫，但我希望大家知道，沖煮到最佳狀態的時候，泡沫會相當綿密。那種泡沫就算用湯匙攪拌也不會馬上消失。

沖煮水溫要在90℃、壓力為9個大氣壓。烘焙程度比以往的義大利式烘焙要來得淺，磨成粉末後，沖煮20～30秒。這是沖煮美味濃縮咖啡的基本原則。

這樣沖煮出的濃縮咖啡，不會只有強烈苦味。它口感馥郁，甚至能感到甜味，還十分濃醇，口中滿是咖啡的芳香。

就算加了砂糖，餘味仍然相當爽口。

以往喝慣濃縮咖啡的人，或許會覺得這樣不夠勁，但在義大利一般來說都會加砂糖喝。倒進砂糖攪拌後，溫度會再次降低，為了不讓微溫的濃縮咖啡冷卻，最好用厚一點的杯子。將濃縮咖啡作兩、三口喝光，這就是道地的義式喝法。

濃縮咖啡就像沒加糖的巧克力一樣，雖然直接喝很苦，不過加入少許砂糖就會變成苦味巧克力、加入大量砂糖就會變成甜巧克力、加進牛奶就變成牛奶巧克力（CAFFE MACCHIATO：瑪琪朵咖啡），義大利人的喝法就是調成自己喜歡的口味。

筆者之所以在這裡提到義式濃縮咖啡的真正風味，甚至介紹道地的喝法，就是想告訴客人，濃縮咖啡也需要專業的技術。

Cappuccino
以濃縮咖啡跟發泡牛奶製作卡布奇諾

理想的卡布奇諾

奶泡50ml
發泡牛奶80ml
濃縮咖啡20～30ml

奶泡像螃蟹吐出的氣泡般粒粒分明。牛奶與奶泡、濃縮咖啡沒有融為一體，口感也不好。

目前為止，市面上有各式各樣的卡布奇諾，有灑肉桂粉的、有附上肉桂棒的，也有上面裝飾發泡鮮奶油者。

不過真正的義大利風味，只在濃縮咖啡倒入用蒸氣打出的牛奶奶泡，再把卡布奇諾滿滿地倒在150ml左右的杯子裡。

義大利咖啡吧所做的卡布奇諾，牛奶的奶泡相當綿密，呈現慕斯狀。

雖然有人覺得這是因為牛奶不同，但這種想法是錯的。

國產的牛奶與一般的牛奶，都可以打出一樣綿密的奶泡，差別在於技術。如果將蒸氣抽離牛奶，繼續發泡，泡沫跟牛奶就容易分開。此外，牛奶如果因為蒸氣而加溫到70℃以上，牛奶中的蛋白質便會凝固，形成乾澀又無味的奶泡。

即便是卡布奇諾，也要因應客人的喜好

濃縮咖啡極細緻的泡沫，配合同樣是慕斯狀的奶泡飲用時，濃縮咖啡與牛奶、奶泡，會在口中形成美妙的平衡。

在濃縮咖啡中倒入牛奶與奶泡，就變成卡布奇諾。理想的濃縮咖啡配上理想的奶泡時，更能讓人發揮技術。

因為濃縮咖啡與奶泡融為一體，因此倒牛奶時只要上下左右移動注入的地方，便能在表面畫出花樣。依動作的不同還能畫出樹木的圖案，這就叫拉花。

雖然拉花是濃縮咖啡的高級技巧，但仍是一項相當值得追求的專業技術。

此外，在正統發源地的義大利咖啡吧裡，卡布奇諾也分為重口味、淡口味、只有奶泡、沒有奶泡等等，客人會有各種要求。

能一一達成客人的要求，也是專家的本領所在。

從道地的濃縮咖啡延伸出各種品項

市場對濃縮咖啡的支持，往後也應該會持續下去。其背景在於大家想追求「道地的義大利口味」。

濃縮咖啡與義大利麵、披薩一樣，客人要的是「道地的口味」，與其說它們是一時的流行，不如說道地的口味終於受到重視。

因此讓日本的濃縮咖啡也有義大利咖啡吧的那些變化，這會相當有意義。卡布奇諾的其他變化也將成為富有吸引力的菜單。

理想的卡布奇諾之製作順序與重點

1 製作卡布奇諾時,濃縮咖啡的沖煮原則依舊不變。以90℃熱水、9個大氣壓,耗費20～30秒沖煮出20～30ml。烘焙程度要比義大利式烘焙稍淺,研磨程度要呈粉末狀。

2 發泡牛奶。

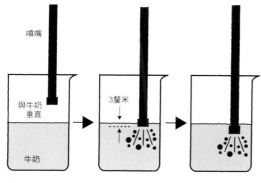

噴嘴

與牛奶垂直

牛奶

3釐米

牛奶鋼杯最好用容易導熱的不鏽鋼製品,蒸氣噴嘴要跟牛奶表面垂直接觸。

將噴嘴伸進牛奶3釐米左右,蒸氣壓力會將空氣打進牛奶,如果插得太深,空氣就無法順利打進去。

接著將噴嘴前端深入牛奶,牛奶的溫度一到65～70℃便立刻停止。停止之後要讓噴嘴離開牛奶。

譬如

●Cappuccino chiaro→意指使用較少的濃縮咖啡做成之卡布奇諾。「chiaro」有「清淡」、「澄澈」的意思。

●Cappuccino scuro→意指使用較多的濃縮咖啡做成之卡布奇諾。「scuro」是「黑暗」的意思。

3 將牛奶鋼杯的底部輕碰桌面,打破牛奶表面的大氣泡。

4 搖動杯中的牛奶,使其與綿密的泡沫均勻融合。如果倒的速度太慢,便無法將泡沫倒出來。

●Cappuccino con tanto schiuma→意指只用奶泡做成之卡布奇諾。

雖然卡布奇諾只用牛奶與濃縮咖啡這樣簡單的材料做成,但在發源地義大利的咖啡吧,存在著相當多樣的延伸與變化。

如前所述,在發源地義大利,卡布奇諾的基本調配方式為濃縮咖啡20～30ml、發泡牛奶80ml、奶泡50ml,端到客人面前的是滿滿一杯150ml的厚咖啡杯。

只要改變濃縮咖啡與牛奶的比例,就有瑪琪朵咖啡、瑪琪朵拿鐵等變化,這就是濃縮咖啡的樂趣所在。

「瑪琪朵(MACCHIATO)」是「沾染」的意思,因為牛奶沾染在濃縮咖啡的表面,所以才叫「瑪琪朵咖啡」。聽到這樣的解釋之後,會有恍然大悟的感覺對吧。這種有趣的地方會讓人對它更加好奇,而讓人喝得開心便是專家的本事。

因為有濃縮咖啡做基礎,才會衍生出各種變化,也才能與牛奶以各種手法融合,創造出新的風味。

Variation
義式濃縮咖啡的變化

冰卡布奇諾

這是適合夏天的冷飲品項，本次介紹的製作方法，是將濃縮咖啡、牛奶、冰塊一同放進果汁機裡。

將沖好的濃縮咖啡倒進攪拌機。如果事先將砂糖加進濃縮咖啡再急速冷卻，一次做起來放，製作便會很有效率。

最好使用雞尾酒專用的攪拌機。打得細碎的冰塊與飽含空氣的成品狀態，是美味的標準。

材料（一人份）
□濃縮咖啡25ml
□冰塊90克
□牛奶50ml
□砂糖10克

瑪琪朵咖啡

這是在基本的濃縮咖啡中注入奶泡而成，還能做出大受歡迎的拉花。

材料（一人份）
□濃縮咖啡25ml
□牛奶25ml

這是在濃縮咖啡上「染出」牛奶的印記。攪拌後飲用跟不攪拌直接喝的口感會不一樣。可請客人們以不同的喝法發現自己喜歡的味道，找到最愉快的飲用方式。

拿鐵咖啡

拿鐵咖啡是在濃縮咖啡中加入發泡牛奶。在此加入糖漿便可做出各種風味的咖啡。

材料（一人份）
□濃縮咖啡20%
□發泡牛奶80%

將溫熱的牛奶加進濃郁的咖啡中，不要把奶泡倒進去。以八分滿端給客人。

瑪琪朵拿鐵

注入濃縮咖啡中的奶泡比「瑪琪朵咖啡」還多，藉此「染出」印記。以玻璃杯端給客人，讓他們看到分層構造，這樣也很有意思。

材料（一人份）
□濃縮咖啡25ml
□牛奶125ml

在玻璃杯中倒入奶泡，再從上方注入濃縮咖啡，便可「染出」印記。

FMI股份有限公司　東京都港區濱松町2-8-14 TEL03（3436）9470
大阪府大阪市鶴見區放出東3-11-31 TEL06（6969）9393

Espresso Machine

濃縮咖啡機的科技

Espresso Machine

濃縮咖啡機的科技（La Marzocco）

LUCKY CREMAS股份有限公司　總公司　企畫部　平田大輔

頂尖咖啡師的最愛

世界咖啡師大賽也會指定使用義大利La Marzocco公司的濃縮咖啡機。其機器的力量與穩定性，受到國內外咖啡師的極高評價。

La Marzocco的機器就算不斷發泡牛奶，出力依舊相當穩定，因此可以不斷打出綿密的奶泡。

其原因在於安穩的熱能供應，可以沖煮出品質穩定的濃縮咖啡。

能達到這種水準，是因為La Marzocco自行開發的超重量級沖煮裝置。這種裝置叫做「Saturated Group」，直接裝在調溫水箱上，故能維持穩定的沖煮溫度。

雙鍋爐系統

要沖煮穩定又美味的咖啡，我們可以想到幾項必備條件，但其中最受人重視的因素就是維持適當的沖煮溫度。

只要沖煮溫度沒有保持穩定，無論有多好的咖啡豆或多厲害的咖啡師，都不可能做出品質穩定又好喝的咖啡。

為了維持適當的沖煮溫度，La Marzocco採用雙鍋爐系統，一個不鏽鋼鍋爐是用來沖煮濃縮咖啡、另一個不鏽鋼鍋爐則是用來發泡牛奶，兩個鍋爐各自獨立。咖啡機上便裝配著兩座高品質的鍋爐。

那為什麼裝配兩座鍋爐，便能沖煮出穩定又好喝的咖啡呢？

咖啡機裝備了La Marzocco自行開發的雙鍋爐系統，圖中可看到沖煮用跟發
泡用的兩座高品質不鏽鋼獨立鍋爐。

因為有兩座鍋爐
沖煮跟發泡都很穩定

因為機器分別裝配兩座鍋爐，一座用於沖煮咖啡、一座用於發泡牛奶，因此就算連續沖煮咖啡或發泡牛奶，都能保持適當的沖煮溫度。因為機器能夠保持咖啡與奶泡適當的沖煮溫度，所以能提供客人品質優良且穩定的濃縮咖啡。

沖煮濃縮咖啡

發泡牛奶

　　如果只有一座鍋爐，連續沖煮咖啡或打奶泡時，沖煮溫度會降低，需要一段時間才會回復，難以維持適當的沖煮溫度，容易冷熱不均。這樣會導致咖啡的口味與奶泡品質不穩定。能夠解決這種問題的，就是雙鍋爐系統，因為沖煮跟發泡的鍋爐各自分開，因此即便連續發泡牛奶，也能保持穩定的使用品質。這一點對銷售義式濃縮咖啡的店家當然很重要，也因為如此，像西雅圖式這種以拿鐵、卡布奇諾等摻有牛奶的咖啡為銷售主力的店家，也引進了這台機器，對它有極高的評價。

一貫的手工生產

La Marzocco相當重視它們七十年來累積的信譽、嶄新的設計、講究的品質以及熟練且毫不妥協的專業尊嚴，維持一貫的手工製造生產。顧客可以透過機身的細節，感受他們設身處地為使用者著想的用心。

舉例來說，只是在設計上稍微擴大蓮蓬頭跟滴盤之間的距離，用戶就能直接以各式各樣的杯子沖

煮。此外不鏽鋼的蒸氣發泡管是很耐用的可動形式，可以讓咖啡師在最方便的狀態下操作。

La Marzocco的機器有「Linea」、「FB-70」、「GB-5」三種。「GB-5」因為採用電腦控制系統，溫度控管更為穩定。接著預計在最近發售的「FB-80」，擁有最新的系統，可以控管每個零件的溫度。La Marzocco的機器會為了咖啡師不斷進化。

照片左方是世界咖啡師大賽（WBC）指定的「GB-5-2」，半自動、雙出口。設計上因應咖啡師的需求，能以電腦控制與設定沖煮溫度。照片右方是附有自動填壓功能的研磨機「SWIFT」，豆罐的容量約1.8公斤×2、速率為每分鐘140克、重量約為32.5公斤，尺寸是W360×D360×H650mm。

LUCKY CREMAS股份有限公司 兵庫縣西宮市樋之口町一丁目10-41（總公司） TEL0798（63）5100

Espresso Machine

濃縮咖啡機的科技（La Cimbali）

FMI股份有限公司　顧問室經裡　根岸　清

一般而言道地的義式濃縮咖啡，其美味是由aroma（由數十種揮發性芳香成分組成的香氣）、creamyness（細緻泡沫的綿密感）、body（濃醇、深厚、帶勁的香醇與濃郁的美味）、flavor（香味）、after taste（咖啡持久的餘味）來決定。要做出這種美味的濃縮咖啡必須具備四項條件，在義大利稱之為4M，就是配方（Miscela／精準地混合各種精挑細選的咖啡豆）、研磨（Macinato／最能沖煮出好咖啡的研磨方式）、機器（Macchina／性能穩定的濃縮咖啡機）、咖啡師（Mano／技術、師傅）。

關於4M之一的濃縮咖啡機，各家公司皆有銷售許多不同的機型。不同的機器，規格與性能也不相同。瞭解它們的差異，選擇適合自己店裡的機器相當重要。在此我將透過義大利的La Cimbali，介紹義式咖啡機性能上的厲害之處，以及它的科技水平。La Cimbali在義大利自是毋須多言，世界各國也進口它們的機器，評價相當高。

擁有良好穩定性的智慧型鍋爐

簡單說來，La Cimbali的濃縮咖啡沖煮方法如下。

沖煮濃縮咖啡時，先由水龍頭引水，再由鍋爐的熱交換器加熱，接著傳至蓮蓬頭（group head），將熱水沖到裝有咖啡粉的滴濾手把上，沖煮出濃縮咖啡。雖然以文字說明只有這樣，但如果仔細觀察機器，就可以看到La Cimbali為了讓人沖煮出一杯好的濃縮咖啡，在機器上下了無數的苦心。

舉例來說，其中之一就是幫浦，它會把壓力加諸

附有感應器的渦輪蒸氣機，可以讓蒸氣與空氣保持絕妙平衡，發出極為細緻的奶泡，做出漂亮的卡布奇諾拉花，也讓各種口味的拿鐵在製作上方便許多。

La Cimbali為了沖煮出好的濃縮咖啡，在機器上費了許多苦心。從智慧型鍋爐到幫浦、熱交換器與蓮蓬頭，都有它們頂尖的科技結晶。

於水龍頭流出的水。壓力無論是太強或太弱，供水都不會穩定。La Cimbali的機器在沖煮濃縮咖啡時，能在20～30秒供應20～30ml的水，保持安穩的最佳狀態，解決了這項問題。而且供水系統還能控制熱水不回流。

此外，裝在鍋爐內的熱交換器是用導熱性良好的薄片金屬製成，因此熱交換的效率相當好。熱交換器採用「隔水加熱法」，與水箱裡溫水的接觸面很大，可以一口氣加熱水龍頭供應的水，再傳到蓮蓬頭。

La Cimbali的機器在這裡最大的特色，就是不用鍋爐熱好的水，而會使用新鮮的水來沖煮濃縮咖啡。

蓮蓬頭會將熱交換器送出的熱能保持在穩定狀態，維持溫水與滴濾手把的溫度，讓人能以90℃連續沖煮。

蓮蓬頭的材質拋棄以往使用的樹脂，而全新採用蓄熱性良好的厚片不鏽鋼。

其中La Cimbali最棒的就是他們採用了智慧型鍋爐，能夠穩定供應適當的沖煮壓力，以沖出美味的濃縮咖啡。

他們改良了鍋爐內的壓力控制開關，藉由監控水槽內的蒸氣壓力，讓水溫保持穩定。它可以製造定量、定溫、不間斷的熱水，讓水槽內產生充足且穩定的蒸氣壓力。

這就是La Cimbali擁有世界級專利的鍋爐管理系統，提升了蒸氣與熱水的容量，讓鍋爐內的蒸氣壓力維持在最大狀態，即便機器的使用頻率到達顛峰

La Cimbali的內部結構

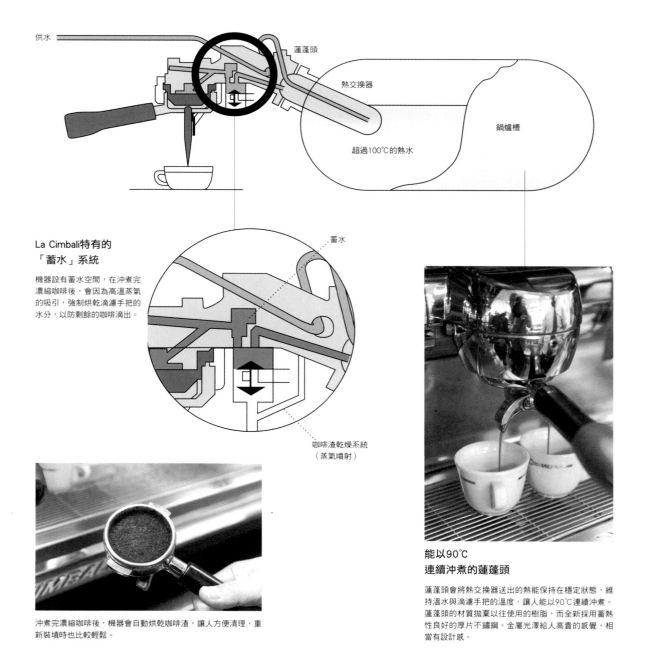

供水

蓮蓬頭

熱交換器

鍋爐槽

超過100℃的熱水

La Cimbali特有的
「蓄水」系統

機器設有蓄水空間，在沖煮完
濃縮咖啡後，會因為高溫蒸氣
的吸引，強制烘乾滴濾手把的
水分，以防剩餘的咖啡滴出。

蓄水

咖啡渣乾燥系統
（蒸氣噴射）

沖煮完濃縮咖啡後，機器會自動烘乾咖啡渣，讓人方便清理，重
新裝填時也比較輕鬆。

能以90℃
連續沖煮的蓮蓬頭

蓮蓬頭會將熱交換器送出的熱能保持在穩定狀態，維
持溫水與滴濾手把的溫度，讓人能以90℃連續沖煮。
蓮蓬頭的材質拋棄以往使用的樹脂，而全新採用蓄熱
性良好的厚片不鏽鋼。金屬光澤給人高貴的感覺，相
當有設計感。

也能輕鬆應付。

　因此就算同時使用三、四個濾滴機頭沖煮，也不
用擔心水溫會降低。它的溫控能力相當好，在一定
時間內不管沖煮十杯或一杯濃縮咖啡，都能維持同
樣的品質。

特有的蓄水系統

　除了智慧型鍋爐以外，我們還能看到La Cimbali
許多獨到的創意，譬如其中之一就是這蓄水系統。

　有時候沖煮完濃縮咖啡後，滴濾手把還是會滴出
咖啡液。

為了解決這種滴漏的問題，La Cimbali便想出這款蓄水系統。

他們在機器裡設置了一種叫做「蓄水區」的空間，沖煮後會因為高溫蒸氣的吸引力，強制烘乾滴濾手把的水分，這樣清理咖啡渣就相當方便，重新裝填時也很順暢。

這個蓄水系統會對滴濾手把內的咖啡粉平均施壓，還能悶蒸一秒，逼出咖啡的濃郁口感。附有感應器的渦輪蒸氣系統也是一大特徵，它有個外號叫「咖啡師殺手」，因為不論初學者或高手，都能打出奶泡，所以才被取了這名字。

這個系統可以自動將飲料加熱到設定好的溫度、只要切換開關，就可以選擇要不要把空氣打進蒸氣裡。

完全不需要秘訣或細膩的調整，就能在蒸氣與空氣的絕妙平衡下打出奶泡。這個系統讓拿鐵各品項的製作變得簡便許多。

在流程顯示上，機器會以液晶螢幕清楚顯示出目前的運作狀況、各種訊息以及程式設定。

譬如在沖煮濃縮咖啡時，液晶顯示幕會顯示鍋爐壓力、沖煮量、沖煮時間，任誰都能紮實做好每一個步驟。

La Cimbali的M39DO-DT／3（TS）。有三個沖煮頭，最適合50～130個座位的店家，它的智慧型鍋爐擁有過人的穩定性，外型穩重又充滿高貴形象，適合各種場所，充滿了La Cimbali的獨特魅力。其他還有四頭的M39DO-DT／4（TS）、二頭的M39DO-DT／2（TS）。

FMI股份有限公司　東京都港區濱松町2-8-14　TEL03（3436）9470
大阪府大阪市鶴見區放出東3-11-31　TEL06（6969）9393

Espresso Machine

濃縮咖啡機的科技（Aurelia）

東永工業股份有限公司　董事　技術、行銷　畝岡智哉

介紹給大家美國市佔率第一
「道地」的濃縮咖啡機

　　2005年米蘭國際咖啡展中，最吸引大家目光的就是新型濃縮咖啡機「Aurelia」。製造商Nuova Simonelli（通稱Simonelli）創業於1936年義大利中部marche省的Tolentino。

　　除了與濃縮咖啡相關的機器外，他們也生產各式各樣的營業用機材。

　　東永工業在跟Simonelli簽下代理權契約前，主要是從美國進口並銷售廚房機材，以及負責保養、專門經手營業用的廚房機器。東永工業在各地的連鎖餐廳保養Simonelli的機器時，有許多店家要求公司進口銷售，於是東永工業於2002年開始直接進口Simonelli的產品。

　　目前Simonelli在市面上銷售的濃縮咖啡機中，表現最好的就是這台「Aurelia」。

　　在東永工業負責技術與行銷的畝田岡哉先生說：「它的設計與功能都很簡單，操作方便，相對價格也很便宜。就算沒有咖啡師的店，也能提供一定水平的濃縮咖啡。」他之所以這麼說，是因為這台機器有三大特色。

　　第一是操作方便，這在下一頁會詳細介紹。第二是銷售價格，它比別家公司的機器便宜兩到三成。關於這點，畝岡先生說：「現在許多廠商都將心力投注在機具的外型設計上，但Simonelli拋開這點，努力控管成本。」另一點則是「口味的水平」，換句話說，就是不管誰來做，都能沖煮出好喝的濃縮咖啡。填壓是決定濃縮咖啡口味的重要手續，這台機器的奧妙在於，即便你填壓的力道不強，它還是能沖出濃縮咖啡。

　　目前許多機器都是在20%的悶蒸（3～4秒）後開始沖煮，而「Aurelia」則是在80%的悶蒸（5～7秒）後開始沖煮。因為後者悶蒸的時間，也就是對咖啡粉加壓的時間比較長，所以自然能做出填壓的效果。

　　這項劃時代的功能，顛覆了「填壓力量小就等於失敗」的觀念。連鎖店就是要各家分店保持穩定的口味，因此特別喜歡這點。

這台濃縮咖啡機會慢慢悶蒸之後再開始沖煮。人員不用改變姿勢就能確認杯中的狀況。

只有在沖煮出最佳狀態的濃縮咖啡時，克麗瑪才會出現白色波浪豹紋的花樣，人稱「虎斑（tiger skin）」。

人體工學協會認證
體貼使用者的「Aurelia」

　　在日本「人機工程學」中常用到人體工學（Ergonomic）一詞，這種學術是從方便使用的角度來研究機器。

　　「Aurelia」是世界第一台受到歐洲人體工學協會認證為「European Institute Ergonomy」的濃縮咖啡機。因為它人體工學的設計，可以減輕操作者身體上的負擔。Simonelli公司的超高技術通通集中在這台機器上。

滴濾手把使用容易滑手跟不容易滑手的兩種材質，可按照工作種類分開使用。

相對於一般旋鈕型的蒸氣開關，它採用的是按鈕型式，這樣可以預防手腕的腱鞘炎。此外，旋鈕從全開轉回關閉的狀態，會有兩秒的落差，但因為按鈕可以瞬間關閉，因此能預防牛奶口味產生細微的變化。

所有與操作相關的組件，配合視野一字排開，視線上下移動不到10度，可在穩定的視線下工作。

LED螢幕可以顯示任何文字列。機器亦考慮到較暗的工作場所，因此可調整按鈕亮度。此外按鈕的觸感會紮實地傳到指尖，不用怕操作失誤。

這是名為工作網的滴盤，線條形狀方便瀝水。因為網架的線條很細，因此不用擔心弄髒杯底。

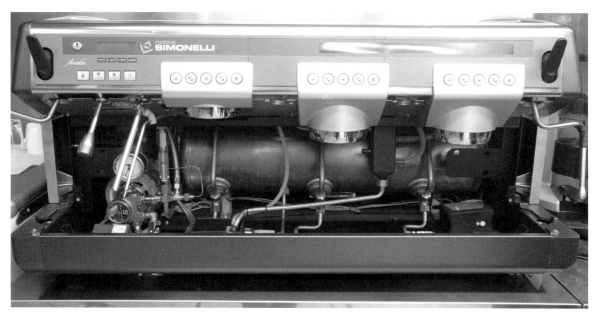

本機裝配自動供水的單一鍋爐。Simonelli公司製造鍋爐的技術非常高明，市面上許多其他公司的濃縮咖啡機
都用他們的鍋爐。因為Aurelia使用大型鍋爐，因此擅長連續沖煮，也能保持穩定的沖煮溫度。

此為拿掉滴盤與滴盤罩的狀態。零件並不複雜，也考量到保養問題，構造相當
簡潔。

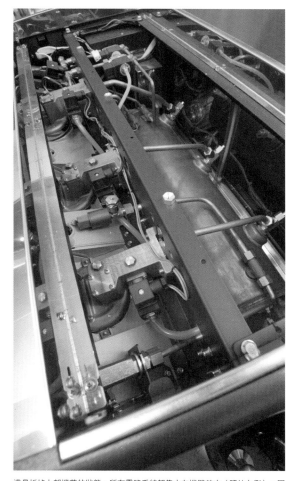

這是拆掉上部機蓋的狀態。所有電路系統都集中在機器前方（照片左側）。因
為有徹底的防水處理，因此使用上大可放心。

Simonelli公司的Aurelia有最多可同時沖煮四杯的2GR、六杯的3GR、八杯的4GR三種機型，屬於半自動的濃縮咖啡機。前方內凹處又深又高，所以工作空間相當寬廣。上方就是電熱溫杯機，也不用另外購買。

此外，正面的面板不管摸哪裡都在50℃以下，相當安全。

整體機型為圓弧構造，擦拭相當輕鬆，內部清潔也只要將清潔粉裝在滴濾手把上，再按個鈕便完成，不須繁瑣的過程。

為了延長機器的使用壽命，東永工業建議大家要定期保養。

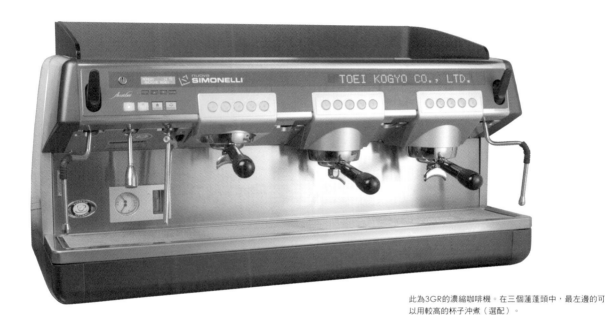

此為3GR的濃縮咖啡機。在三個蓮蓬頭中，最左邊的可以用較高的杯子沖煮（選配）。

此為東永工業開設的展示室，除了濃縮咖啡機外，客人還能在此親眼看到各種營業用的廚房機器，並能親手碰觸，體會使用的感覺。還能帶咖啡豆來，從選購機材的建議到口味的訂定，公司會因應顧客的需求給予適當服務。事前需預約。

東永工業股份有限公司 東京都涉谷區惠比壽4-9-5新惠比壽大廈1樓 TEL03（3756）5011

Espresso Beans

濃縮咖啡專用豆（illy）

Monte物產股份有限公司　研發部　大嶌正義

因為濃縮咖啡機越來越普遍，因此飲用濃縮咖啡的人也越來越多。除了義大利之外，現在許多國家也將其當作日常飲品，受到廣泛的歡迎。

濃縮咖啡的絕大魅力在於獨特的口感與香氣（aroma）、以及濃郁程度（body），但要有好的口味，咖啡豆、機器、咖啡師的技術這三者缺一不可。

在決定口味的條件中，濃縮咖啡專用豆佔的比重特別大，今天濃縮咖啡會這麼普及，它也扮演了很重要的角色。在此我將透過有名的頂尖咖啡品牌illy，來探索濃縮咖啡專用豆的特色，以及illy對豆子的堅持還有對品質的用心。

與生產者直接交易

現在illy的濃縮咖啡豆行銷5大陸130國，五萬家餐廳與咖啡吧都用他們的咖啡豆。出口量佔illy總出貨量的52%，世界各國每天喝掉illy六百萬杯咖啡。illy在1933年由Francesco illy在義大利Trieste港口創業，現在則由創業者的第二、第三代經營。illy之所以能跨越時空與國界，不斷受到眾人的支持，是因為他們自創業以來就不斷供應高品質的咖啡豆。從對咖啡杯的講究到咖啡豆的生產地，illy在各項流程都有其獨特的因應之道，如此才能維持始終如一的品質。

illy製造優良咖啡的信念就是追求最高品質的阿拉比卡咖啡豆，以及與咖啡豆生產者直接接觸。illy的三大基本信條是①與生產者直接交易。②提供知識與訓練，一面保護環境，一面生產優質產品。③所有參與生產的人都要公平地共享利潤。

illy從1980年開始便直接向生產者採購，嚴格挑選合作關係良好的生產者，而不會透過國際商品交易市場。此外，為了激勵生產者，illy於1991年成立名為The Premio Brazil de Qualidade do Cafe Para Espresso的獎項，其後並在瓜地馬拉、哥倫比亞、印度設立相同獎項。這些獎項便成為生產者追尋更好品質的誘因。在2001年，illy與巴西聖保羅大學（USP）共同為咖啡生產者設立咖啡大學。

illy的義式濃縮咖啡受歡迎的程度，除了義大利以外，世界各國的咖啡愛好者每天也要喝掉600萬杯的illy濃縮咖啡。

illy的綜合咖啡

必要的七種	巴西	衣索比亞	瓜地馬拉	薩爾瓦多	肯亞	印度	哥斯大黎加

+

加上選擇性的兩種

illy的綜合咖啡豆只有一種配方。使用百分之百的阿拉比卡咖啡豆，混合必要
的七種與選擇性的兩種，共九種豆子。他們會根據當年咖啡豆的品質與收成，
均衡調配九種咖啡豆，保持illy穩定的口味。

只用百分之百的阿拉比卡咖啡豆

據說沖煮一杯濃縮咖啡所需的咖啡豆為50顆，其中要是摻雜一顆壞豆，就做不出頂級的濃縮咖啡。

illy除了會挑選一批最好的生豆，從豆子送抵Trieste工廠到包裝為止，還會經過114項檢查，對品質的管理相當徹底。

收購來的咖啡豆會以雙波長選別系統徹底除去壞豆。此系統由illy與英國的SORTEX公司共同研發而成。噴嘴會自動噴出空氣，將壞豆挑出來作廢，此系統會以每秒四百顆的速率，正確挑選好豆子。

綜合咖啡的配方只有一種

illy的綜合咖啡配方只有一種。因為這是從創業以來經過不斷研究，所研發出最頂級的唯一配方。綜合咖啡有必要的七種（巴西、衣索比亞、瓜地馬拉、薩爾瓦多、肯亞、印度、哥斯大黎加），再配上選擇性的兩種。咖啡屬於農作物，會因為當年的天氣而使品質與收成有所變動。為了將這種變動造成的影響降到最小，提供品質穩定的咖啡，就需要混合九種咖啡豆。

混合好的咖啡豆接著要進入烘焙的工程，為了不讓溫度逆境的狀態損傷豆子，要慢慢用心烘焙。

中度烘焙為218℃12分鐘、深度烘焙為225℃12分鐘。烘焙的溫度由電腦控制，並採用最適合烘焙的滾筒式烘豆機。滾筒在火上迴轉，由熱空氣烘焙咖啡豆。為了防止溫度急速攀升，烘焙工程設定為12分鐘。

冷卻烘好的豆子，方法有水冷式與氣冷式。灑水冷卻的水冷式可以有效率地冷卻咖啡豆，但這個方法會讓豆子殘留許多水分，水分一多就容易氧化，降低品質。illy即便要多花點功夫，仍堅持品質，採用氣冷式。烘焙過的豆子從滾筒移至冷卻機，一邊攪拌一邊讓豆子接觸冷空氣降溫。

由濃縮咖啡杯的設計看見illy的思想

為了讓人品嚐到最佳美味，illy的咖啡杯在設計時精心衡量過形狀及容量。杯子的最大容量與可裝盛的液體為3：2。譬如可裝60ml的濃縮咖啡杯，最多只可以倒40ml進去。

為了用適溫的咖啡杯盛裝咖啡給客人，濃縮咖啡機上的杯子只能兩個兩個堆疊。

加壓式包裝

　　illy從購買生豆到挑選、混合及烘焙等所有工程，都不斷追求最完美的品質。

　　在最後階段，為了讓客人直至使用前都保持最佳狀態，illy也很注重包裝。他們使用加壓式包裝，裝填咖啡豆時，除了讓罐內保持真空狀態，還同時灌進惰性氣體。

　　因為以加壓方式包裝，咖啡豆的香氣便無法釋出而留在脂肪的成分中。這道手續有養豆的效果，讓香氣穩定，進一步提升咖啡的品質。這項作法也能在罐子開封後，常保咖啡芳醇的香味。

　　特別是營業用的3公斤罐，連罐子都由自家工廠製造，保存期限保證可達36個月。

鍍銀的營業用3公斤罐，為了確保絕對的密封性，由公司自行製造。可保存三年。

豆狀的「濃縮咖啡250克罐裝中度烘焙咖啡豆」，採加壓式包裝，灌進惰性氣體，保存期限為24個月。

粉狀的「濃縮咖啡250克罐裝中度烘焙咖啡粉」，採加壓式包裝，灌進惰性氣體，保存期限為24個月。

包狀的「濃縮咖啡125克罐裝中度烘焙咖啡包」，以專用機器便可輕鬆享用，廣受好評。

Monte物產股份有限公司 東京都涉谷區神宮前5-52-2 TEL03（5466）4510

My Espresso Theory

何謂濃縮咖啡
～從科技的進化來考察～

SS&W有限公司　董事長　齊藤正二郎

序言

「Espresso」一詞或許從很久以前便存在於日本，但這個意指飲料的單字原本是外來語，為求簡明易懂，人們長年來用「咖啡」代替。直到1995年，「星巴克」船長就像裝備了Robert Napier開發的蒸汽引擎，突然來到日本的黑船一樣，從西雅圖率領新型黑船進軍日本，展開咖啡的改革。

直至1995年為止，「咖啡」在日本從二次大戰後橫跨經濟的高度成長期，深深融入了日本獨特的文化中。由「師傅」在喫茶店沖煮的「咖啡」，便是這種文化的表徵。

精明的日本人因應日本高溫的環境與各個世代性格的變化，想出了冰咖啡、創造出咖啡牛奶，再加上國民沒有破壞自動販賣機的習性，在這安全的環境之下，咖啡便十分普及，像果汁般裝在罐子裡銷售。

就在這特殊又獨步全球的日本咖啡文化完全定型時，「Espresso」突然來到日本，產生了一百八十度的大轉變。有些年輕人不認識「咖啡」，而是先認識「Espresso」。「師傅」的地位也岌岌可危，

被沒有真本事的「咖啡師（barista）」所取代。對日本的年輕人而言，他們將在咖啡店（cafe）一口氣超越二次大戰後一步步累積起來的「咖啡」文化，從「Espresso」拉開他們新時代NEW ERA的序幕。

「Coffee」與「Espresso」

看到「Coffee」一詞，就算不特地查字典，也知道這是「珈琲」或「咖啡」。而「Espresso」一詞從英文完全無法想像，拼字方法亦完全不同，日本以前解釋為「有泡沫的咖啡」。日本人對它的認知是從有泡沫的咖啡開始，直到現在2007年，我覺得這種認知依舊沒有多大的改變。

至今有很多書籍都寫說「Espresso」是義大利文，此一來便很好解釋了。不過從1995年開始的「Espresso世代」，這些年輕人沒有「咖啡」的既定觀念，所以未來直接接受Espresso一詞的年齡層應該會不斷增加。

義大利是將「土耳其咖啡」轉變成濃縮咖啡的正宗發源地。在以義大利為中心的歐洲，1948年Achille Gaggia已經稱Espresso為「Crema Caffé／Naturale」。他是第一個從分析性質的角度來稱呼這種咖啡的人。

日本在1995年以前，仍光明正大地將「Espresso」解釋為「有泡沫的咖啡」。

「咖啡」與「濃縮咖啡」的差異

我想請大家先瞭解咖啡與濃縮咖啡是完全不同的飲料。譬如日本茶、紅茶跟中國茶，原料都是從「茶樹」這個學名Camellia sinensis的山茶屬常綠樹為原料，雖然它們只有中途的製程不同，但在日本，大家都很清楚它們是三種不同的飲料。

就像這樣，在生物學上的「種」完全相同，但因為外表與感覺上模糊的差異，還有流傳進來的時代所影響，日本人對原料完全相同的日本茶與紅茶有著不同的認知，但為什麼會把「咖啡」跟「濃縮咖啡」混為一談呢？兩者的沖煮方法可說完全不同，將它們當作不同的飲料看待應該很容易才對。「咖啡」與「濃縮咖啡」的差異，就像「啤酒」與「威士忌」那樣天差地遠。

濃縮咖啡起源於土耳其咖啡

咖啡的起源與許多書籍寫的一樣，都是來自牧羊人柯迪（Kaldi）的傳說吧，此外也好像有別的傳說。而我記得柯迪應該是在衣索比亞近郊的故事。咖啡樹的學名Coffea Arabica，其語義來源是指阿拉伯文的「Qahwah」之地採到的農作物。

經過歷史演變，大家口耳相傳便稱作「Kaffa」，如您所見，跟現在的「Coffee」很相近。

老實說聽到這故事，我的腦中會浮現一種情景，就是牧羊少年柯迪正高興地品嚐裝在白晰陶杯裡的咖啡。

這種情景在日本相當常見。在日本生活的一般人，對於「咖啡」的想像一定跟我一樣吧。但如果義大利人聽到這故事，牧羊人杯子裡的飲料就是「濃縮咖啡」了。如果是懂得一些濃縮咖啡歷史的義大利老人，考量到其時代背景，應該會想像成土耳其咖啡吧。

說到最古老的咖啡沖煮法，因為什麼用具都沒有，我想應該是把採來的紅肉果實洗一洗（說不定洗都沒洗）再撥開果肉，以帶有把手的鍋子翻炒種子豆，接著用臼與缽磨細，直接放進鍋中用水熬煮，最後取上層清澈的部分來喝。實際上土耳其咖啡的沖煮方式便與此相近，它用的是名為ibrik的杓狀附把銅鍋，再用小杯子分裝，飲用煮過好幾次的濃郁咖啡液。

這不是古代喝法，它在現代也是相當普遍的飲用方式。在歐式的咖啡中算是一種相當正派且成熟的喝法。

濃縮咖啡機要用9個大氣壓力沖煮濃縮咖啡，而這種土耳其咖啡用的粉會磨得更細，因此一般的大氣壓力就能讓水充分滲透到咖啡粉中，將精華釋放到水裡，沖煮出濃郁的咖啡。

如果要以大氣壓力過濾這麼細的粉來喝，濾紙或濾布都會塞住，我想放進熱水裡面煮，應該是那個時代最好的方法吧。

因為土耳其咖啡是不過濾直接喝，因此跟日本現在主流的咖啡比起來，口味可說相當濃郁。口感（body）十分紮實，讓人很容易就想到它是濃縮咖啡的前身。

不知從何時開始，人們不喜歡那種沈澱物，想盡辦法只要喝到上層清澈的部分，因此想出各式各樣沖煮咖啡的方法。隨著時代發展，沖煮的科技也越漸進步。

在世界各地都以「沖煮」為目的，進行各方努力時，義大利人跳過這些繁雜的流程，直接以高壓在短時間萃出少量咖啡。這種高效率的方式，對於以義大利為中心的人們而言，相當符合其生活與品味，因此他們選擇了濃縮式的咖啡精華萃取法，繼承了土耳其咖啡的源流，並將其融入自己的文化中。

磅、盎司（Lb、Oz）

磅是日本人比較少用的單位，即便在現代的義大利，這單位也越來越不普遍。義大利也跟日本一樣，以公克作為重量單位。現代還在使用「磅」的國家是美國與英國的屬地。不過在羅馬時代，義大利也理所當然地使用這個單位。這個單位為什麼跟

濃縮咖啡有關呢？藉由等一下的說明，大家也會知道為什麼咖啡師一杯只沖煮30cc。

標示磅的方法是「lb」這個單位，而以字母書寫則成為「Pound」。其中明明沒有「LB」的字母，為什麼這個記號會代表「Pound」呢？

LB的標示是源自羅馬帝國時代，羅馬人做生意時使用的Roman Libra（※拉丁文中Libra是「天秤」或「（用於秤重的）秤鉈」之意，在現代的義大利文中則為Libbra）。就像大家看到的一樣，簡化「Libra」，只取其中的「L」與「B」，就是磅的標示了。「Libra」的重量約為現代的327克，而Libra的十二分之一就是一盎司（Oz），在羅馬時代則叫Uncia。所以1Unica為27.25克。（一磅的十二分之一為一盎司。）

歐洲各國根據這樣的單位，製造出瓷（Porcelain）製的杯子。義大利與法國最早製造這種杯子，稱其為「Tasse」／「Tazza」統一為4盎司（120cc），而用來裝濃縮咖啡的尺寸叫做「Demitasse」／「Demitazza」（Demi是一半之意），為4盎司的一半2盎司（60cc）。

而土耳其咖啡在以前便是用這種尺寸的杯子供人飲用。

附圖　沖煮濃縮咖啡的小咖啡杯（Demitasse）

濃縮咖啡是以30cc端出的飲品

濃縮咖啡就是要30cc，這神秘的份量即便到現在也是普世的標準。

製作濃縮咖啡機需要高超的技術水平，那30cc是科學家在研發時碰巧發現的嗎？瞭解製造一台機器有多困難的我，堅信這絕不可能。

我在義大利看過一台1855年的巨大濾煮式咖啡壺（percolator），它是濃縮咖啡機的前身。接著我突然想到濃縮咖啡的開創者們，是以理論為基礎不斷研發。這乍看之下雖然單純，但每個零件都需要高度技術，所以真的不可能在一百多年前就在機器上碰巧發現濃縮咖啡的份量。而我現在就來解釋，其實所有的研發與發明，都是在鑽研如何沖煮出這重要的份量（1Uncia）。

1720年於威尼斯開幕的「Florian」是歐洲各國最早的咖啡店，它開啟了義大利咖啡吧的時代。義式咖啡成了義大利人的文化，也是一天開始的儀式。為了不讓客人久等，要迅速沖煮這重要的咖啡，再以小咖啡杯（Demitasse）端出，於是人們開始研發咖啡吧的「濃縮咖啡機」。

當人們開始將壓力當作最重要的條件時，這時製造「濃縮咖啡機」的公司幾乎都採用手動壓桿。為了沖煮濃縮咖啡，這根壓桿會一邊施加壓力，一邊將唧筒內的熱水，也就是「液體」，以槓桿原理一口氣沖出來。所以這種機器沖煮出的濃縮咖啡，水量當然不可能比唧筒還多。

機器的進步

「濃縮咖啡機」的基本構想，應該只是用於瞬間加熱的熱水器。即便是現在，單從鍋爐角度看這種機器，也是性能極佳的熱水器。我自己曾經帶著第一台營業用的FAEMA過海關，因此很清楚，在日本進口報關的時候，這種機器還是屬於熱水器的範疇。這種機器沖煮出的濃縮咖啡，強制萃取的壓力超越一般氣壓，這點跟以大氣壓力沖煮咖啡有著最大的不同。

目前最古老的文獻記載，是1843年法國的「Edouard」或稱「Edward Loysel de Santais」的人，發明了需要燒柴的大型新式濾煮機器，這台機器參加了1855年在巴黎第一場的世界博覽會（**照片1**）。Santais在博覽會上誇下海口，說這台機器一小時能沖煮出兩千杯咖啡！他那使用蒸氣的構想給了當時的發明家一個啟示，因此競相將咖啡的沖煮轉向自動化。

之後在機器的技術革新上較值得一提的，是「Luigi Bezzera」在1903年於米蘭將擁有專利的垂直式鍋爐配上瓦斯與電力，發明了熱蒸氣壓力的沖煮機器。「De Siderio Pavoni」則在1920年將其以「Ldeal」之名商品化，成為世界第一台咖啡吧專用的機器。這台機器的製作構想，只是單純利用水箱內的壓力，在水箱上加裝可直接按出水的滴濾手把，再用這個裝有定量咖啡粉的滴濾手把沖煮咖啡。

起初這種構造的機器，基本上只是改良當時的鍋爐，沖煮構造也相當單純。因為機器的目的只是利用鍋爐槽內的蒸氣壓力把熱水按出來，所以蓮蓬頭跟水箱的設置相對位置，當然要方便咖啡師在水平面下的工作。在蓮蓬頭有兩條金屬管延伸到水箱的上下兩端，上方的管子比鍋爐上層的水還高，下方的管子會延伸到水箱下面。上方的管子會在半途分叉，就與人稱「WAND」的蒸氣噴嘴連接在一起。

照片1

會想到裝配這種噴嘴可說相當了不起！而累積在上方的蒸氣壓力，會將水面往下壓，只要你把蓮蓬頭的活塞壓桿往下壓，熱水就會自動注入滴濾手把。當時壓力最重要的目的只是用來擠壓鍋爐水箱的熱水，讓機器得以連續供水，以壓力萃取並不是濃縮咖啡機原本設計的目的。雖然密閉式鍋爐的水箱最大也只有1.5個大氣壓，但當時的設計並沒想到這股壓力會提高熱水沸點，因此可以想見沖煮出的濃縮咖啡不時會出現焦味。

壓力跟沸點在這種鍋爐內都會上升，原本水在一般氣壓下只能達到100℃，現在能以更高的溫度存在。結果密封在金屬濾網中的細緻咖啡粉，便因高溫而劣化，改變了風味。illy咖啡的創始人「**Francesco Illy**」在1935年率先注意到這件事。此外「Gaggia」也考量到高溫對口味的影響，改良了沖煮方法，那就是出現於1938年的迴轉式活塞沖煮法。

但當時因為金屬加工的水準問題，這種迴轉方式的活塞與套筒密合度差，咖啡粉也會因此進入活塞而磨耗，經常漏水。不過「Gaggia」在二次大戰後改善了這個缺點，以現代上下拉動的彈簧式活塞沖煮構造，在1947年連同整個蓮蓬頭一起登記專利，並將電熱式的加溫器（電熱絲）裝進水箱內，力求精簡，成功地在不施壓的狀態下，用這樣的唧筒抽起熱水沖煮濃縮咖啡。此外他又做了另一個裝置，成功製造出專門讓牛奶起泡，也就是用以發泡的蒸氣壓力。迴轉轉式活塞的想法是來自「La Marzocco」在1927年製造的迴轉式壓桿，並非他們自己原創的構思（Gaggia公司的網頁亦如此記載）但上下拉動的彈簧式活塞則完完全全是他們獨創的構想。此外一般推測，他們之所以能做到這樣的金屬加工技術，是因為世界大戰使武器技術明顯提升的關係。

在結構方面，這種與壓桿一體的蓮蓬頭是直接設置在鍋爐上，透過蓮蓬頭裡面開的洞，直接與唧筒連結。蓮蓬頭上方有連結器、壓桿支點的部分有螺絲固定。當人把壓桿往下壓時，往機器方向倒去的壓桿，其作用點會將設置於下方的活塞桿往上拉，因此活塞會往上，水箱內因加熱而多少產生水壓的熱水，便會流進唧筒裡。當活塞上的彈簧壓縮到極限，壓桿便會停在幾近水平的位置。如果放開壓桿，彈簧便會把活塞往下推，自動讓壓桿回到原來的地方。

附圖　將咖啡粉裝進滴濾手把

如果故意讓壓桿停在壓到底的位置，承受管內壓力的水便會透過蓮蓬頭，自動進入唧筒，因此在壓桿回到原位前，熱水會透過濾網，滲進研磨過的咖啡粉，這樣就便有悶蒸的效果。這種機器的沖煮壓力，來自於彈簧的恢復力與彈簧壓力。這個時代的沖煮壓力大約只有4.6個大氣壓左右。

「壓力」的奧秘

從這個時代開始，氣壓這項濃縮咖啡機沖煮時的一大特徵開始受人注意。其代表是「Achille Gaggia」在1948年的廣告文案「Crema Caffé／Naturale」，這是用來比喻自家機器的優秀與口味的革命。翻譯成英文便是「Natural Coffee Cream」。

氣壓計的標示單位，因機器不同而有BAR、Psi或是atm。壓力這種東西可說在感覺上瞭解就好，不過為了要以機械與科學的角度去瞭解、去想像濃縮咖啡，就必須讓大家充分認識氣壓。

首先我調查了濾網的大小，主流的尺寸多為58釐米，現在我們來計算這濾網直徑的壓力。所謂壓力就是每cm²（平方公分）上有多少kgf（公斤重）的力量。

因此我們先算出圓的表面積。

半徑×半徑×圓周率（3.14）＝圓的表面積
58釐米就是5.8公分。
而5.8公分的半徑就是5.8÷2=2.9公分

$$\left(\frac{5.8cm}{2}\right)^2 \times 3.14 = 26.4cm^2$$

而26.4cm²上有九個大氣壓力
所以就是26.4cm²×9個大氣壓＝237.6kgf

這裡出現的數字讓我也大為驚訝。

1kgf是指1公斤質量的物體的重力加速度。這時候的單位為kgf（公斤重），不是用來稱呼重量的單位。

質量1公斤的物體在地球的重力下，以9.8（m/sec²）的重力加速度加速時，產生的力量就是1N（牛頓）。簡單說來，1kgf跟1N有9.8倍的差距。考慮到靜物的重量，先前計算出的237.6kgf必須再除於9.8的重力加速度。

因此以九個大氣壓的機器沖煮濃縮咖啡時，裝有研磨咖啡粉的滴濾手把，所承受的重量是237.6kgf÷9.8G=24.2kg（公斤）的力量。這數字是我們假設其力量順著地球的重力，往正下方移動才有的，所以數值會因為咖啡粉的填壓方式與容量，進而產生複雜的變化。

附圖　濃縮咖啡機的鍋爐

La Marzocco公司FB80雙鍋爐的部分，焊接的著實漂亮。

總之就像這個數字所展現的一樣，滴濾手把承受9個大氣壓，像針筒一樣將1盎司研磨成細粉的濃縮咖啡專用豆，以30cc、9個大氣壓的熱水沖煮出約1盎司的濃縮咖啡。發明這種機器的人，腦袋應該很靈活。他為了要做出九個大氣壓，而在計算蒸氣壓力上耗費心力，但即便咖啡粉填進滴濾手把，熱水以24.2公斤的力量從機器流出，他更希望大家去調整網眼跟填壓的力量，以便能慢慢花個25～30秒的時間沖煮出「濃縮咖啡」。這因為有這樣的想法，所以一般談論「咖啡師」的書才會叫人家「要練習到能以20公斤左右的力量來填壓咖啡粉！」

現在我們回到濃縮咖啡機的演變。在壓桿式機器已經普及的時代，又發生一個對於壓力的戲劇性變化。

就是現代的機器也可看到的，將鍋爐橫放的設計。

水平放置的優點就是可以增加壓力，因此能一次裝設許多蓮蓬頭。而製造商之所以能輕鬆擁有安裝蓮蓬頭所需的抽水能力與技術，也是因為金屬加工的技術有了進步。

為了分析橫放（水平）在壓力上的優點，我們再重回壓力的基本原理來思考。

壓力是代表每平方公分上有幾kgf（公斤重），因此我們現在來比較鍋爐內部的球面面積。

假設直徑20公分、高40公分的圓柱型鍋爐，剛好裝有一半的水。

若是垂直放置的話，上層的內部面積是1884平方公分。水平放置的話，上層的內部面積是2370平方公分。

附圖　濃縮咖啡機的演變
La Marzocco

1927

1939

1951-52

1954-55

照片提供／La Marzocco義大利總公司

因此橫擺的話就有2370cm²÷1844cm²=1.2579，也就是增加約26%的能量。只要水平擺放，就能增加水槽的蒸氣壓力，又能使其穩定。

此外壓力還有一個奧秘，就是能在9個大氣壓之下保持液態的物體，突然釋放到1個大氣壓的正常環境時，尤其是水，會無法保持它原有的狀態，會因壓力減低而化為蒸氣。

雖然這情況有點難以想像，但請想想看，9個大氣壓必須在密閉的空間才得以實現，如果不是密閉，即便只有一點點小漏洞，就不算9個大氣壓的環境了。因此沖煮這個動作便代表氣壓的釋放。

事實上當滴濾手把沒裝在蓮蓬頭便打開電磁閥的時候，蓮蓬頭那邊的壓力根本不會有改變。

即便是現代彈簧式加壓的營業用濃縮咖啡機，如果不裝滴濾手把便將壓桿押到水平再放開，桿子便會因為彈簧強大的力量而迅速彈回原位。

因為水在高壓之下能保持液態，因此從高壓進入低壓環境時，會產生些許的氣化。此外當滴濾手把跟濾網上的空氣透過咖啡粉沖煮出來時，又因為空洞現象（cavitation）的作用，所以沖煮出來的咖啡液會有泡沫。如果是沒有油脂與蛋白質的液體，便無法保留這自然生成的泡沫。因為我們要的是克麗瑪（crema），不是一般的泡沫，所以絕對需要含有油脂的濃縮咖啡專用豆。

壓力是一項很奇妙的因素，也會對濃縮咖啡產生相當複雜的影響。

談到壓力，為了提升這股神秘力量，讓濃縮咖啡煮得更好喝，也為了穩定壓力，在第二次世界大戰末期，La Marzocco公司的創辦人Giusppe Bambi在1939年2月25日，首次以ESPRESSO COFFEE DRINKS的名稱，登記了水平式鍋爐的專利。因為

照片2

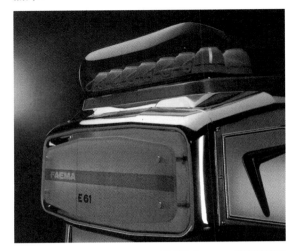

照片提供／La Cimbali義大利總公司

這種鍋爐改為水平配置，使得咖啡師沖煮濃縮咖啡更加順手，發泡牛奶時也更方便。La Pavoni也在1948年改為水平式，到了1950年代，La Cimbali也使用水平式鍋爐，並研發出不靠彈簧，而利用水壓的上下式活塞沖煮法。接著在1960年代則有人研發出熱交換式的鍋爐系統。

各公司考量到illy的好咖啡豆會因為溫度而使風味變差，要盡量避免以蒸氣沖煮，因此加快腳步研發溫控功能，不使溫度超過適合沖煮的攝氏90度，並分開製造蒸氣與濃縮咖啡用的熱水，濃縮咖啡機因此踏進最後階段。

FAEMA公司的Ernesto Valente是1961年製造的濃縮咖啡機，擁有目前所有功能，它的電力迴轉幫浦可保持穩定不斷的水壓與適當的溫度，並以最好的效率沖煮。因為有了迴轉式幫浦，沖煮壓力一下晉升到9個大氣壓。

在電力迴轉式幫浦運作的時候，只要打開電磁閥便能連續沖煮，因為採用熱交換器，因此可以保持充足的溫度以應付不斷的沖煮。此外這台機器也不像以往的機型一樣，讓水在水箱中逐漸升溫，而會不時補充新鮮的水，並瞬間加熱到適溫，使熱水在送到滴濾手把為止，都能控管在穩定的溫度之下。咖啡師便能將部分流程放心交給機器，追求更美妙的口感。

現代濃縮咖啡機的結構，因為FAEMA E61（**照片2**）的出現而更臻完美。即便機器不斷進步，但滴濾手把的咖啡粉容量，以及濃縮咖啡30cc的沖煮量仍然不變。

為何著眼於30cc呢？

為什麼一定要30cc呢？我們假設這30cc的神秘份量有其意義，才會變成普世的規定，那就用科技的觀點來調查，不要無意識地蕭規曹隨。

現在講解「咖啡師」的書籍，對於咖啡豆的重量都只用公克標示，因此說明中只有「一人份約7～8克」、「兩人份要將近15～20克」。我想到如果不用重量，而用容積來算會怎樣？便測量了滴濾手把的容積。

這時量出手把的容積、容量的數值是「盎司」。我想到「盎司」這個單位在義大利的歷史上，對於濃縮咖啡有相當重大的意義，此外本人親身瞭解研發機器有多麼困難，因此我認為沒有考量到「30cc」這項重要的份量，絕對不可能做出濃縮咖啡機。

我以冷靜的態度分析了濃縮咖啡機如何發展至今，以及為什麼濃縮咖啡這種飲品會是30cc。

如果只看過現代E61等等可以連續沖煮的機器，光從口味的角度來研究濃縮咖啡的話，應該找不出答案。葉扇是測量水流量的工具，位於熱水管上，現代的機器是由電腦計算葉扇旋轉的圈數，來測量大致的水量。

因以「盎司」是過時的名詞，只存在於濾滴手把內。如果不懂機器的構造，絕對無法瞭解30cc的真相。

而這些人一定也不知道平常所稱呼的滴濾手把（portafilter），是指濃縮咖啡一杯份的過濾器（filter）。

連續沖煮的機器構造，讓咖啡師因為手藝不同，對一份濃縮咖啡（espresso shot）的量各有微妙的差異。

日本會將濃縮咖啡分成「西雅圖式」與「義大利式」，不過我認為濃縮咖啡的基本精神還是在於義式風味。這兩種最大的差別，在於義式濃縮咖啡本身就是成品。

如同前面所說，因為義式濃縮咖啡是一種文化，所以就像空氣般自然存在。充滿溫暖人情味的卡布奇諾應該可為其表徵吧。

說到西雅圖風格的文化，就是拿鐵這種以牛奶為主、濃縮咖啡為輔的飲料。前面所提在義大利研發出的機器，因為遠渡北美而有完全不同的面向，走向自動化的美式風格。

舉例來說，星巴克專用的濃縮咖啡機是La Marzocco的品牌。這台機器從義大利遠渡西雅圖，搖身一變成為著重發泡牛奶的機器，這就是代表拿鐵文化已經散佈開來的典型例子。

何謂濃縮咖啡？

雖然咖啡不含單寧酸，但有結構類似單寧酸的綠原酸（chlorogenic acid）。綠原酸含有咖啡酸（caffeic acid）與奎寧酸（quinic acid），是最早從咖啡豆分離出來的物質。雖然一般人將它跟單寧酸分開看待，但也有人認為它是一種可水解丹寧。

綠原酸雖然不像單寧酸那麼苦，但仍有苦味。生豆中含有5～10％綠原酸，烘焙過後就會分解30～70％。跟生豆的口味比較起來，做成咖啡飲品的時候不會那麼苦。雖然奎寧酸也是苦味的來源，但也會因烘焙而減少。

不同的綠原酸濃度，可以做出多變的口味，濃度低的話酸味較明顯；濃度高的話，就能發揮出苦澀的風味。

熟練的咖啡師可以從克麗瑪產生的方式，判斷濃縮咖啡美味與否，以及沖煮是否成功。克麗瑪必須是美麗的焦糖色，而非白濁的顏色，也可以藉由沖煮時的味道來判斷。

牛奶可說幾乎都是脂肪，而且其脂肪是飽和脂肪酸，跟克麗瑪的不飽和脂肪酸可說恰恰相反。因此克麗瑪一遇到氧氣就會被分解，立刻氧化，所以克麗瑪的風味一下就會流失。

有人說要盡量讓濃縮咖啡的克麗瑪直接沖進杯子裡，這一定是因為如果出現白色混濁或有斑紋的克麗瑪，味道似乎怪怪的。

人們之所以能察覺這點，也是因為綠原酸在長時間因高溫產生變化，因此變成混濁的白色。所以這20～30秒的標準沖煮時間，是咖啡師以經驗得來的

從「espresso」的語意由來思考「濃縮咖啡」的原意

義大利最有權威性的語意由來字典裡如此寫道：

「espresso是從拉丁文動詞中的exprimere之過去分詞演變而來的義大利文。拉丁文的exprimere是primere（[動詞]壓、擠壓）加上接頭詞ex-（向外…），原意是「向外擠壓」。」[1]

順帶一提，其過去分詞在英文中演變成express（[動詞]表現、擠出（果汁等））。再來，為何espresso咖啡會命名為espresso呢？espresso以咖啡的意思第一次出現在文獻上，是在1918年的「caffe preparato sul momento conuna special macchina elettorica a pressione」（使用以電流產生壓力的特殊機器，在短時間沖煮咖啡）。

因此我們應該將espresso想成是「施加壓力沖煮（的咖啡）」。但根據其他辭典，又說espresso是「借用英文的express與法文的espres，表示快車或郵政作業中的快遞，在義大利則擴大解釋為濃縮咖啡。」[2]，此外也有「客人點餐後可迅速端出」[3]的意思。

但因為英文的express指「快車」或「快遞」，因此一般認為express有快速的意思。查過英文字典後便相當清楚，是由「接受表示」、「受到特別待遇」轉變為「快車」、「快遞」。（在義大利文的另一本字典[4]中，對形容詞的espresso只寫上「接受表示」與「特別的」意思而已。）

不過從義大利人獨特的幽默感看來，第一個將其命名為「espresso」的人，就是想向大眾暗示這種感覺吧。綠原酸很容易跟金屬離子產生反應，經過一段時間並跟各種物質接觸後，美味的成分便開始氧化分解，濃郁的口感會因此流失。

[1]Manlio Cortelazzo及
Paolo Zolli "Dizionario etimologico della lingua italiana"（ZANICHELLI公司 1980年）
[2]Giacomo Devoto之
"AVVIAMENTO ALLA ETIMOLOGIA ITALIANA DIZIONARIO ETIMOLOGICO"（LE MONNER公司 1992年）
[3]"IL GRANDE DIZIONARIO GARZNTI della lingua italiana"（GARZANTI公司 1987年）
[4]"IL NUOVO ZINGARELLI　VOCABOLARIO DELLA LINGUA ITALIANA"（ZANICHELLI公司 1992年）

知識，他們親身感受各種化學變化的產生，沖煮出一杯美味的濃縮咖啡，真可謂了不起的技術。

考量到綠原酸的性質，再來比較「濃縮咖啡」與「咖啡」看看。濃縮咖啡是以9個大氣壓沖煮出30cc的高濃縮菁華、咖啡是在大氣壓力下，以水的滲透壓沖煮，再以紙或布除去咖啡豆擁有的美味油分。與濃縮咖啡比較之下，我認為一般咖啡就像是將濃縮咖啡稀釋4～5倍來喝。因為兩者皆受綠原酸影響，不同的綠原酸濃度又會讓口味產生各種變化，因此從科學的角度來看，我還是認為該把它們當兩種不同的飲料看待。

因此我們可以想像，以熱水稀釋濃縮咖啡而成的美式咖啡，之所以有香甜柔和的口感，是因為加水稀釋把濃縮咖啡變成較淡的espresso，而不是變成coffee，這樣想的話，比較好理解它的口感所為何來。

本人已經以自我的理論，簡單說明了濃縮咖啡與咖啡的不同。之所以寫出這樣的內容，是因為我長年以來都用機器的角度來觀察飲品，而不是站在咖啡師的觀點。

也因為濃縮咖啡在日本還不算文化，而是全新的事物，而我現在正以它為工作的關係。

如果這種飲料像在歐洲各國一樣成為自身的文化，變成有如空氣般自然的事物，就不會有我這種瑣碎的文章，也不會有人討論「義式跟西雅圖風格有什麼不同？」。因為日本人有喜歡探求事情來龍去脈的特質，我才會寫這種瑣碎的文章。雖然還要再多寫好幾倍，才能解釋我心中「道地的濃縮咖啡」，但礙於篇幅關係便就此打住。

我衷心希望濃縮咖啡可以在日本紮根，以機器沖煮咖啡的技術人員，不要只代表「咖啡師」這個名詞而已，而要以一種新的職業滲透到全日本，這個職業將要加強年輕世代的飲食教育，身負重責大任。

因此我們要把咖啡與濃縮咖啡分開，讓大家對濃縮咖啡有更深的認識，我衷心地希望可以對這方面有所貢獻。我希望濃縮咖啡能夠成為愉悅人心的工具，而不是單純的生意。這樣一來，大家就不需要這篇所寫的無聊知識。

擁有道地技術與知識的咖啡師，他的味覺能讓1uncia在現代轉變為25或27cc，製造出美味的濃縮咖啡。而濃縮咖啡在日本也遲早會成為一種文化。

參考文獻 "Espresso-Ultimate Coffee" by Keenneth Davids
Special thanks
感謝前任日本使館駐義參贊之家兄，以及科學家友人之建議，並感謝義大利La Marzocco總公司與La Cimbali公司提供之資料。

齊藤正二郎
在西雅圖留學時，是第一位從西雅圖進口Da Vinci Gourmet糖漿、D'atre咖啡豆到日本的人。回國後於1995年創辦SS&W有限公司，同年於名古屋八事開設日本第一間以風味拿鐵為主的咖啡店「DOUBLE TALL」。其後亦在原宿等地開設分店，於2007年得到西雅圖D'arte公司的協助，除了進口外，也開始烘豆。齊藤先生目前以濃縮咖啡專門商的董事長身份，活躍於日本跟西雅圖兩地。
http://www.doubletall.com

Roast

烘豆機的科技
烘豆的思想、配方
受人矚目的生產國與農園的豆子

Roast Machine

烘豆機的科技（MEISTER系列）

Bach咖啡　田口護

「咖啡廳」自行研發的烘豆機「MEISTER系列」

「MEISTER系列」讓烘豆中重覆的作業自動化，成功提升烘焙的穩定性，並重現豆子的美味。照片為可容納10公斤（最大）生豆的「烘豆機MEISTER10」，另外還有可容納5公斤生豆的「MEISTER5」與2.5公斤生豆的「烘豆機MEISTER2.5」。皆為半熱風式。

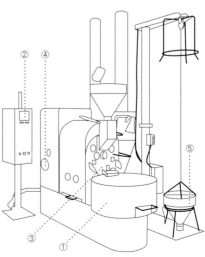

MEISTER的主要結構

1 冷卻筒使用SUS304材質，除了部分區域外，其餘皆施以鏡面處理。冷卻用的送風機為一台100瓦或200瓦，屬耐熱機型。

生豆進料口與冷卻筒的排料口，打開後都會自動關上，以防作業中「一時不察」的疏忽。

2 烘豆所須的資料都會顯示在液晶觸控螢幕，豆溫、排煙溫度等皆以數位方式呈現。

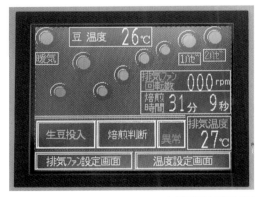

生豆進料、爆裂溫度、烘焙判斷等等，各個流程皆按照時間順序以圖表標示。轉換流程時會以蜂鳴器通知。

3 內鍋的隔熱層（並非內鍋本身）為雙層結構（隔熱材在外），內鍋溫度穩定，不易受到環境影響，提升了烘豆的穩定性與口味重現的程度。

店名會刻在咖啡豆排料口，可向客人展現店家的獨創性，與其他店家有所區隔。

4 設有可微調的瓦斯壓力調節手把。

瓦斯壓力調節手把，可轉動七圈以調整全關或全開。其一大特色在於以手把操作，可輕鬆微調。

5 亦備有懸臂起重機，為選配設備。

即便是10公斤的生豆，只要有它就很安全，一次即可安裝完成（10公斤專用）。女性也可輕鬆操作。

「MEISTER」是有名的咖啡店「Bach咖啡廳」，彙整每天工作所累積的烘焙技術與資料，自行研發的小店專用烘豆機。

以往的小型烘豆機，不管你多熟練，每次都一定要反覆操作風門等等，而「MEISTER系列」便將這種必須反覆進行的工作化為數據，輸入到機器裡。

只要從液晶的觸控式操作介面，選擇事先輸入好的資料，就可自動控制從生豆進料到二爆為止的進氣量。

此外只要按下「烘焙判斷」，便會切換到手動，由烘豆商自行決定「停止烘豆的時機」，這可是左右口味的重要因素。這台機器的特色在於刻意不採全自動，而以半自動讓烘豆商的心性自由發揮，不但可以提昇工作效率，又能展現個人口味。

解決烘豆品質的差異

烘豆麻煩的地方，在於成品會因每天氣候與環境的變化而有所差異。

以夏天跟冬天為例，因為熱能的擴散程度不同，因此烘豆的結果也有差別。在以往烘豆機的構造上，用來燃燒的空氣多半是直接進入火爐中，在季節交替的時候必須對火力與排煙進行微調。而且烘焙室也會受到外在環境的影響，造成烘焙品質不穩。

「MEISTER系列」便是為了解決這種問題所研發，內鍋的隔熱層（並非內鍋本身）為雙層結構（隔熱材在外），每次燃燒所需的空氣會透過內層與外層進入燃燒室，因此空氣會先加溫，以較穩定的溫度進入燃燒室，烘焙不容易受到外界環境所影響。又因為排煙風扇以變頻控制，還裝備了副風門的香氣計量儀，而且烘豆中必須反覆看顧的工作都已自動化，因此成功地提升烘焙的穩定性，進一步

重現咖啡豆的風味。（已取得兩項專利）

集中烘焙時所需的資訊

「MEISTER」設計時為使用者設身處地著想，所有烘豆所需的資訊，都可由控制面板的觸控式液晶螢幕來確定。因為各項作業流程都按照時間順序以圖表標示，因此無論是誰都能一眼看出目前工作進行的階段。此外，各項烘豆流程皆以蜂鳴器告知（生豆進料、爆裂溫度、烘焙判斷）。

豆溫、排煙溫度與烘焙時間都標示在同一畫面上，所以能靠一個螢幕掌控三項資訊，實在非常方便。譬如在設定排煙扇轉速的畫面上，能看到風扇最大轉速的時間點、脫水時的轉速、一爆轉速、二爆轉速、手動設定轉速；而在設定溫度的畫面上，能看到生豆進料溫度、一爆溫度、二爆溫度，人員可藉由畫面上的數值，輕鬆微調。

排煙量的調整是先感應烘焙溫度，再依照輸入的條件，自動以變頻控制排煙扇的馬達轉速。也可以設定脫水、一爆、二爆三階段的排煙狀況，共有兩萬種以上的組合（電源為家用100V單向交流）。

體貼使用者的設計

「MEISTER」充分考量到安全問題，設有緊急滅火裝置、自動熄火設定裝置、控制狀況警報裝置、瓦斯漏氣警報裝置。特別值得一提的是，這台機器充滿著為使用者設身處地著想的設計。

以生豆進料口跟冷卻筒的排料口為例，為了防止工作者「一時不察」的疏忽，設計成打開後會自動關上。

此外瓦斯壓力調節手把從完全打開到完全關閉，共要轉動七圈，可以輕鬆進行微調。機器主體的底

MEISTER10（10公斤鍋）之平面圖與立面圖

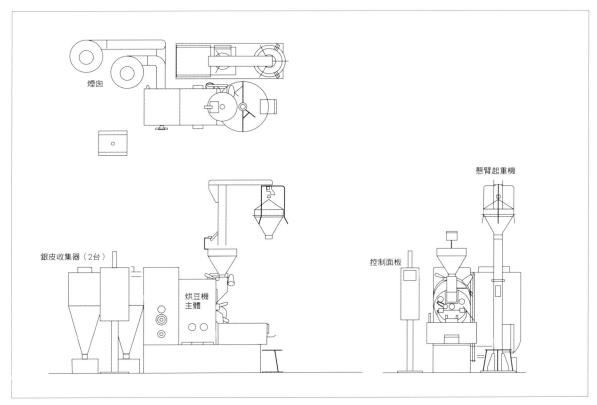

煙囪

懸臂起重機

銀皮收集器（2台）

烘豆機主體

控制面板

MEISTER的標準配備：「MEISTER10」由控制面板、銀皮收集器、烘豆機主體、烘焙豆冷卻筒、保養管理工具箱、懸臂起重機（選配）所構成。電源為100伏特（單相）、重量為400公斤。

部附有車輪，在安裝及保養時可輕鬆移動。為了方便女性工作，還有搬運生豆的懸臂起重機可供選配。

除了排料口會刻上店家的名字外，機體的塗裝也能配合店面選擇綠、鈷藍、紅三種顏色。

「MEISTER系列」並非Bach專用的機器，它可以賣給所有想在自家烘豆，或是研究咖啡的機構，如果有問題，Bach也會隨時接受詢問。

銷售商 Bach咖啡 東京都台東區日本堤1-23-9 TEL03（3872）0387
製造商 大和鐵工所股份有限公司 岡山縣岡山市金岡西町1108-2 TEL086（948）3777

Roast Machine

烘豆機的科技（FUJI ROYAL）

堀口咖啡研究所　堀口俊英

烘豆機各處名稱與功用

FUJI ROYAL R105
直火式5公斤鍋改良型

照片中的烘豆機擁有雙系統火爐（選配）。火力強大，內鍋與火焰相距10公分，可使用「遠距大火」。

1 生豆進料口

2 風門

往右轉就是「關閉」、往左轉就是「開啟」，即便在「關閉」狀態下也有稍微打開。基本上要在一爆開始後，一邊觀察內鍋與排煙的溫度，一邊緩緩打開風門。

3 烘豆內鍋溫度計

4 排煙溫度計

排煙溫度計為製造商選配，除了可確認鍋內溫度外，也對調整烘焙火力很有幫助。也可根據排煙溫度上升的狀況，判斷排煙狀況是否順利。

5 烘焙排煙用的銀皮分離器 ## 6 冷卻機用的銀皮分離器

讓銀皮（附著在生豆上的銀色表皮）脫落後再排煙的器具。通常只有一台，烘焙時與冷卻時交替使用。若將烘焙用與冷卻用分開，便可連續烘豆。

7 瓦斯壓力計

可藉著瓦斯壓力計顯示的數字來調節火力。

8 冷卻筒

邊攪拌邊從底部吸取空氣，短時間冷卻咖啡豆。如果不冷卻就從內鍋取出，重度烘焙的豆子可能因為飽含油脂而起火。冷卻用的排氣管可比烘焙用的低。

9 主體、冷卻筒、攪拌機的馬達開關

10 排煙用強制風扇 ## 11 排煙溫度計

12 烘焙內鍋溫度計

13 檢查匙

可在烘豆時抽出，拿起豆子確定烘焙狀況，同時也能檢查洞中冒出的煙量。二爆開始後便能以數秒為單位，連續抽取檢查。

14 烘焙豆排出口

正確的烘豆要從
「火力、排煙、時間」的平衡開始做起！

烘豆首重火力、排煙與烘豆時間的平衡。這些操作有其基本要件，只要瞭解它的基本要件，便能做出自己的口味。

為了創造獨特的口味，性能優良的烘豆機是必要的條件。首先不可或缺的是要正確設置排煙管。風門是否能發揮功用，關係到咖啡的香味，如果排煙沒有做好，烘得越深，焦臭味只會越重，無法做出自己的口味。即便是相同機型的烘豆機，「性能」也會因為設置的環境而改變。

目前坊間有各式各樣的烘豆方法，有正確的，但似乎也有錯誤的觀念。這也是因為烘豆機跟排煙管沒有設置在適當的地方。如果烘豆機沒有設置在適當的場所，即便說「這是最好的作法」，其實也是「僅限於那台機器的特殊方法」罷了。

116頁介紹的順序，是FUJI ROYAL小型烘豆機的烘焙方法，因為它有一定程度的火力，且備有風門，才能用那種方法。20年前的烘豆機，火焰跟烘焙鍋的距離短、火力小、風門功能又不完全，這種機器在烘豆時常以低溫蒸發水分10～20分鐘，但它的火力無法做出獨特的口味。

此外，以往3公斤以下的烘豆機排煙管雖然有通向外面，但多半沒有再往上，簡直就像浴室煙囪一般橫向伸出而已。如此一來，光是風向就會改變排煙狀況，也難以擬定烘豆的標準流程（標準化）。如果烘豆機擁有不錯的性能（火力與排煙能力），基本的操作方法就應該不會有太大差異。

烘焙的標準順序

富士咖啡機販賣（股）的小型烘豆機（3～5公斤鍋），在小型烘豆機中擁有最大的市佔率，性能也不斷提升，可輕鬆擬定烘焙的標準流程。

烘焙的新豆（new crop）佔內鍋容量三分之二時，直火式與半熱風式皆按照此處所說的操作順序即可。生豆的進料量、新鮮度、品質的變動，只要以此為標準調整便行。再者，外部氣溫跟濕度，與生豆含水量及豆子品質比起來，對烘豆的影響極小。烘豆機調整烘焙溫度與排煙能力的好壞，以及設置環境的條件，最會影響成品的品質。

1　接上主體電源
主體滾筒會迴轉，此時要檢查運作是否正常、有沒有怪聲。

2　點燃火爐
關上風門，如果完全打開，有時會因抽風而難以點火。先以小火慢慢加溫內鍋。

3　計算生豆份量
每次秤重一定要正確。烘焙完成後也要秤重，以掌握烘焙時會減輕多少重量。

4　設定火力（設定初期火力）
要掌握「幾公斤的豆子要多大火力」、「幾度會產生一爆」，藉此設定初期火力。要以瓦斯壓力計正確設定，光以目測設定火力相當困難。

解說　初期火力

> 內鍋倒進生豆至三分之二滿，在15分鐘左右就能烘至二爆（都會式烘焙）的火力，即為初期火力。如果以最大火力到二爆都需要15分鐘以上，代表機器可能出了問題。瞭解初期火力的道理，才能依生豆狀況調整火力與烘焙的時間分配、改變風門的操作等等，踏出以烘豆營造口味的第一步。

5　將生豆倒進內鍋
5公斤鍋可容納1～4公斤。溫度的設定會因豆子的份量而改變，因此以下數字只是一個參考標準。在160～200℃時倒進咖啡豆，剛開始的一分鐘要打開風門，吹走豆子上的灰塵。第一次烘焙因為內鍋狀況不穩定，因此無法將數據作為參考。第一次要從重度烘焙開始，如果從中度烘焙開始的話，品質會略微不穩。

6　關上風門（開始脫水與乾燥）
吹走灰塵後關上風門，讓生豆在鍋中脫水與乾燥。基本上要在開始爆裂後才打開風門。

解說　脫水與乾燥階段

> 生豆脫水與乾燥，是指生豆徹底去除水分的階段。日本以前稱為「悶」，意思便是讓平均每個豆子的水分。

7　確定鍋內溫度下降
檢查鍋內溫度下降幾度、排煙溫度下降幾度，還有耗時幾分鐘下降。現在開始會因為生豆的品質，而決定烘焙溫度是自然逐漸上升，或是經過風門與火力的調整才緩緩上升。

8　進料8～10分鐘後，開始一爆（結束脫水與乾燥的階段）
此時會有啪啪聲，聲響會越來越大。將火力稍微轉小，稍微打開風門。

咖啡豆的「爆裂」

> 當咖啡生豆加熱到180℃左右，豆子裡的二氧化碳就會逸出表面而爆裂，這就是一爆。之後咖啡豆溫度超過200℃，會再次爆裂，這就是二爆。當爆聲達到頂點時，便進入法式烘焙的階段。

9　一爆結束（中度烘焙的入口）
目前為輕烘焙，再繼續下去就會成為中烘焙。如果在一爆後加強火力，豆子會透火，容易破壞成色與口感的平衡。直火式的機器，要調整風門到冒出少許煙霧，半熱風式為了保持良好的空氣循環，以不要產生煙霧為準。

10　即將二爆（重烘焙的入口）

11　一爆的2～4分鐘後，開始二爆（都會式烘焙的入口）
二爆的聲音會比一爆尖，為嗶嗶聲，二爆開始後便轉小火。到了都會式烘焙的階段，香味的性質也會改變。這時候如果不把火力轉小，豆子會一口氣燒焦。此時熱度已經深入豆子中心，容易釋出油脂。風門最好也由中間打開，使其排煙順暢。

12　二爆開始60秒後為二爆的頂點（法式烘焙的入口），現在開始以10秒為一單位，進入義大利式烘焙。
在二爆頂點時為法式烘焙，如果抽出檢查匙會冒出很多煙的話，豆子便會帶有煙燻味。此時烘焙程度以數秒為變化的單位，要時時檢查排煙狀況，同時掌控風門，集中精神。此時風門要完全打開。如果排煙做得不好，就會變成充滿煙味的法式烘焙。

13　打開攪拌開關

14　將排煙切換到冷卻

15　取出咖啡豆
如果沒有事先開好冷卻跟攪拌機，重度烘焙的豆子從內鍋倒出來時，可能會因為跟空氣接觸而燃燒。如果只有一台銀皮分離機，也一樣要切換。將風門完全打開，一口氣倒出豆子冷卻。倒出豆子後，要讓主體馬達運轉到溫度降至50℃左右，如果在高溫下直接關掉主體開關，容易傷害機器。

設置烘豆機的重點

1 確定烘豆機設置的位置

由烘豆機要設置在房間的哪裡、排煙管的洞要開在房間的哪裡，來決定設置的地方。因為烘豆機主體在運轉時會產生高溫，所以如果設在人員出入的地方會很危險。訂購時要根據設置的場所，告訴廠商控制面板要在機器的左邊或右邊。此外最好事先製作烘豆機專用的台架，以減輕彎腰的負擔。

2 配合烘豆機的位置，打出排煙管專用的洞

烘豆機的排煙管要盡量以最短距離連到室外，室內的排煙管盡可能以直線為主，如果轉彎的部分太多，會降低排煙效率。

3 調整烘豆機與銀皮分離器的高度

烘豆機連接銀皮分離器的排氣管需呈水平，若高度不同就無法穩定接合。如果高度不同，就要墊高銀皮分離器（一台銀皮分離器約60公斤、直火式5公斤烘豆機主體約170公斤，要墊高的話，銀皮分離器比較好搬）。

4 安裝排煙管

連接烘豆機與室外的排煙管。排煙管的安裝並非到此結束，它跟浴室煙囪最大的差異，就在於烘豆用的排煙管如果有水平（橫擺）部分，那垂直部分就必須長好幾倍。

5 安裝室外排煙管，形狀要考量到往後清掃的方便

沿著牆壁安裝室外排煙管。此時雖然能以弧形管連接，但烘豆用的排煙管，重點部位最好能安裝T字管，將T字另一頭蓋上蓋子，往後就能清掃排煙管內部。因為管內一定會積存煤灰，如果又不清理，煤灰就會變成火星飄散，造成火災。事實上有很多案例都是因為沒有好好清掃排煙管而引發火災。

6 為了加強煙霧的「流動」，排煙管必須有充足的垂直部分。

不管水平的排煙管有多長，流通效率都不會好，排煙管要往上直立，氣體才容易流動。所以排煙管如果有水平的部分，就必須有好幾倍的垂直部分，不然流動的效果會很差。如果排煙效率差，煙霧就會囤積在內鍋中，使得烘出的咖啡豆帶有煙味。排煙效率的好壞，對於重度烘焙的品質影響特別大。若沒有設置良好的排煙管，也無法正確測出烘焙時的各項數據。最好像照片一樣，分別設置烘豆用與冷卻用的兩條排煙管，如果只有一條排煙管，就必須以操作桿切換空氣的流向以便冷卻，所以無法連續烘豆，一小時頂多只能烘三次。如果有兩條排煙管，就能增加至4～5次，效率比較好。

堀口咖啡研究所　東京都世田谷區船橋1-12-15-2樓　TEL03（5477）4169

Roast

烘焙的思想～烘豆是自我的展現～

堀口咖啡研究所　堀口俊英

咖啡這種農作物
品質的差異相當明顯

每次一有機會，我都會說咖啡的口味受到生豆品質極大的影響。日本的咖啡文化，對於沖煮時的小細節多半相當講究，但卻毫不在乎地使用品質差又廉價的咖啡豆，至今對於品質的體認還不夠成熟。

咖啡這種農作物在品質上雖然有明顯差異，不過日本喝咖啡的歷史還很短，一般而言大家還不太會分辨，對於品質的標示與認知也都不夠。

但因為美味跟品質有絕對關係，所以最近終於有用精緻咖啡或精品咖啡等等，為咖啡做出區別。而對品質則要求有生產履歷（traceability）。

咖啡這種飲料的口味，幾乎是由生豆的品質、烘豆機的性能、烘焙的技術與判斷力而定，因此我將個人見解彙整為表格（**表1**）。

大致說來，生豆的品質、烘豆機的性能，以及烘焙的技巧與判斷力，幾乎是決定咖啡風味的所有條件。

沖煮工作在決定咖啡的香味上，只佔了10%的比重，光靠沖煮技術要讓自己的咖啡有特色，可說相當困難。因為沖煮前的手續，已經佔了口味因素的大半。

如果對自己的口味沒有想法
光有技術也毫無意義

烘焙是將豆子經過加熱處理，使其適合飲用。加熱（烘焙）會讓咖啡豆的組織膨脹，在產生化學變化的同時，也會孕育出各種口味的成分。

此外掌握生豆的品質，完整表現出它本身的味道，跟烘豆一樣重要。

對於烘豆商來說，最重要的能力便是分辨生豆的眼光。技術只要經過訓練便能學會，但是預測生豆中可能含有的味道，這種能力並非光靠經驗，而多半依據他對味覺的判斷力。

現在的日本認為烘豆首重技術，因此常會藏私，讓人對烘豆感到困難而卻步。

不過烘焙是決定口味的手續，這時技術毫無意義。

但此時，穩定的烘豆手法是必要的基本條件，技術只是用來實現自己的想法，逼出生豆各自擁有的風味，以及建構自己所要的味道。

最重要的是看你自己追尋怎樣的咖啡。

如果自己對於咖啡的口味沒有想法，只好滿足於烘豆機做出的風味，烘焙就變成單純烘豆的工作。

表1　本人認為會影響口味的因素
『咖啡工坊HORIGUCHI』式

生豆的品質 口味的素材	決定咖啡約70%的口味	一般高品質的標準，是新豆優於舊豆、日曬乾燥優於機械乾燥、高海拔產地優於低海拔產地，品質一定會影響口味。
烘焙 決定口味的工程	決定咖啡約20%的口味	影響因素有烘豆機的性能、烘豆商的技術與判斷力。我們無法靠著烘豆技術將品質差的豆子烘成高品質的口感。
沖煮工作	決定咖啡約10%的口味	需要正確的沖煮手續。

如果你對咖啡的口味有自己的想法，就會開始尋找豆子、挑選、不斷實驗，追求想要的口味。個人的判斷力會在此受到考驗，這也與自我的展現有關。

我認為烘豆是自我的展現，它會反映出自己的思想與口味的取向。有了這種想法，自己的咖啡才會是別人做不來的口味。因此我要公開所有技術，無論是使用的生豆、烘焙機、烘焙方法、混合豆子的方式，這些都沒什麼大不了。

對烘豆商而言，最重要的是訓練並建立自己的味覺，再來就是自信心。咖啡可以是獨立的飲料，也可以跟餐點或蛋糕形成平衡，因此對咖啡以外的食物也要抱著興趣並加以訓練，這種對口味的貪念相當重要。我認為老對咖啡鑽牛角尖，無法創造新的口味。我用表格寫出烘焙者往後該走的方向。

將缺點轉化為優點
營造過人的咖啡口味

在烘焙中，口味會受到表3的四項主因所限制。我們既不能讓豆子發揮出超越它本身的口味，而且無論技巧多好，烘豆機也不可能超越自己的性能。

但只要生豆的品質好、烘豆機的性能卓越、烘豆商的技術與判斷力高超，應該就能做出最棒的咖啡。

即便只缺少其中一項，就無法成為頂級的咖啡。表格中的四項條件必須通通齊備，並且均衡搭配，才能做出好口味的頂級咖啡。

烘豆商需要有好的眼光，懂得分辨優質豆子，並將烘豆機的性能發揮到極限，還要擁有烘焙的技

表2　今後的烘豆商

以往的烘豆商	今後的烘豆商
對咖啡的鑽研講究	多方面鑽研飲食
藏私保密，技術至上	開誠布公，技術加上判斷力
首重效率，品質穩定	高品質取向，與他人不同的口味

表3　製造出咖啡獨特口味的四大主因

術，具有自我想法以營造咖啡口味。

只要能巧妙地將負面因素轉化為正面因素，應該就能實地做出優質的咖啡。

為了每天烘焙
必須選擇大小適中的烘豆機

因為濃縮咖啡機等器具的發達，以往與現在所需的烘焙深度也不斷在改變。那麼現在一般的烘豆情況是如何呢？

烘豆機從小到大，有各種型號，大型的有60～200公斤級，是大型烘豆商使用的機種。

這裡我們以10公斤的烘豆機為分析對象，雖然也有借助電力的機種，但基本上烘豆機還是以瓦斯較普遍。

關於烘豆機的選擇，我認為要根據業種、使用量、烘豆商技術、想要的咖啡口味而選擇最適合的機器，也應該選擇大小適中的機種，讓烘豆鍋每天運作。

此外，就算量少，每天也應該盡量讓機器運轉，機器會因為經常使用而讓成品的口味穩定，烘豆商也會有較穩健的技術。

一般的小型烘豆機如果進料太多，熱力容易不足，而且排煙能力又不好。如果豆子使用容量的三分之二，再以中度烘焙，便可以有一定水準的烘焙穩定度。

相反地，如果一次倒進大量豆子，採以重度烘焙，排煙與熱能就會失去平衡，需要相當的技術。

相較之下，大型烘豆機的優點就是它有一定流

程，可以做出穩定的口味。

但相反地，口味會受到烘豆機本身所限制。

烘焙程度的標準與實際情況相差甚遠

一般的烘焙多半區分為八個階段（**表4**）。

不過這會因烘豆商的不同而有極大差異，也沒人解釋過怎樣才真的正確。此外各項標準又因時代的變遷而與實際情況有很大的差別，所以我才借這次機會，先行整理出來。

此外，各程度的標準雖然會因烘豆機的狀態與性能有所差異，但我是以10公斤以下的小型烘豆機，配上一定程度的排煙效果為前提。

因為色澤難以用語言表達，因此大型烘焙商會以色差計將其數字化。色差計是以黑為0、白為100，將其中的亮度換算成L值，加以測量。

但各家烘焙商的L值也會有些許差別，因此這裡所訂的標準，是讓一般販賣研磨咖啡的店家容易分辨者。

表4 簡單明瞭的烘焙程度標準

烘焙程度	色澤、口味	爆裂的程度	特色
淺烘焙 （Light roast）	顏色最淺。 尚有青草味，不太適合飲用。	一爆初期。	這個階段可說烘焙到一半而已，目前市面上幾乎沒有這種豆子。
肉桂式烘焙（Cinnamon roast）	肉桂色。 留有強烈酸味，也還有青草味。	一爆結束。	要展現豆子的特色就會用淺烘焙。此為淺烘焙的階段，豆子即將膨脹。
中度烘焙（Medium roast）	帶有些許茶色（咖啡褐）。 味道均衡爽口。	一爆結束後再烘焙一段時間。	已進入中度烘焙的階段，為日本常用的烘焙程度。正是咖啡豆膨脹的時候。
深烘焙（High roast）	較深的茶色。 酸味開始減低，出現些許香醇的口味。	一爆結束後，進入二爆以前。	中度烘焙的階段。為日本常用的烘焙程度。
都會式烘焙（City roast）	栗子色。 已從酸味進入苦味的界限，可嚐出香醇口感。	從二爆即將開始到剛開始的時間點。	即將進入重烘焙的階段，口味的性質與深烘焙不同。
全都會式烘焙（Full city roast）	巧克力色。 酸味消失，有柔和的苦味，口味香醇濃厚。	比都會式烘焙多爆5～10秒。	口味介於都會式與法式之間。
法式烘焙（French roast）	苦味巧克力的顏色。 紮實的苦味已經超越濃醇口感。如果排煙做得不好，油脂會過度釋出，成為煙燻味。	油脂滲出時，為二爆的頂點前後。	目前法國一般採深烘焙或都會式烘焙。
義大利式烘焙（Italian roast）	黑色。 有沈重的苦味，排煙不好的烘豆機無法做到這種程度。生豆原本的味道會消失。	二爆即將結束或結束時。	在義大利也只有拿波里跟西里西亞如此。即便在羅馬以北，目前也多半為都會式烘焙。

目前歐洲因為沖煮工作已由機器代替，機器的性能也越來越強，因此整體的烘焙程度變得較淺。因為機器有安裝軟水器，因此不用重烘焙也能產生渾厚的口感。此外阿拉比卡種的豆子用得越來越多，因此重烘焙也逐漸失去它的必要性。

不過目前的烘焙多半是沒有抽去水分的沈重口味，即便是淺度的都會式烘焙，也因為跟機器的配合而有紮實的口感。

嚴格說來，歐洲有德式、維也納式、法式、義大利式這些烘焙程度，但現在因為流通管道相當多元，差異也逐漸消失。

從使用的生豆種類及狀態
可看清店家的態度

我之前已經提過很多次，生豆是決定咖啡口味最重要的因素。對烘豆商來說「使用怎樣的豆子」會成為展現自我的基礎。

以瓜地馬拉咖啡豆為例，有SHB、安提瓜、單一莊園（single estate）的精品咖啡等等，種類繁多。我們從店家使用什麼豆子、豆子又是怎樣的狀態，便能看出它的態度。

此時各家口味就會有相當的差異了，但觀看店家下一個階段，也就是烘焙中使用怎樣的烘豆機，更能清楚展現店家的態度。

烘豆機有無按照基本原則穩健烘焙，會讓口味產生極大變化。咖啡這種飲料有許多加熱的加工過程，改變口味的因素非常多。因此由這種角度看來，烘焙便是繼生豆之後的下一個重點。

舉例來說，數人以同樣的生豆烘至都會式烘焙，口味也會因為烘豆機的種類、設置環境與技術而產生極大改變。

烘豆這項工作中，在基本上與先天上需要「過人的味覺」與「對味覺的訓練」，還有對味覺的求知慾與執著，除此之外，人的個性與品味這種個人因素也相當重要。

光有資歷與技術，無法做出好咖啡

在日本因為使用商業咖啡（commercial coffee）的比率很高，店家難以設想咖啡原本的味道，因此這幾年開張的店家中，許多人無論在味覺上或技術上，口味的展現都離基礎水準相差甚遠。

如果使用精品咖啡，因為它的口味有紮實的基礎，所以應該能做出一定水準的咖啡。

咖啡業界的特色就是沒有基本守則，眾人各持一家之言，這點讓我百提不厭。

就算擁有30年的資歷與一流的技術，但口味會映照出個性，因此光靠資歷無法做出好咖啡。咖啡的口味就是那個人個性的倒影。咖啡要在烘豆時徹底遵循基本守則，透過烘焙做出與他人不同的口味，展現自己的個性。

希望大家可以瞭解，這種想法對於只會機械性地烘豆或折價量產的人毫無意義，我是針對有心追求美味的人而說。

徹底掌握火力、排煙
時間等烘豆機的性能

好烘豆機的條件，除了機械方面以外，一般小型烘豆機的性能，則需如表格所示（**表5**）。

一般說來，因為烘豆機不斷改良，所以越來越少機器像以前那樣有火力不足的問題。

但實際上如果倒進最大容量，有時還是會產生問

表5　好烘豆機的條件

火力（卡）	充足的火力是基本要件。也就是即便倒進內鍋最大容量，也要有本事在15分鐘內完成深烘焙（high roast），如此一來，機器在操作上才能較有變化。
排煙	風門有效的運作極為重要。如果倒進最大容量烘焙至深度，還能徹底排煙即可。
時間	即便倒進最大量，還能在15分鐘內達到深烘焙便可。

題，這時候只好從排煙管設置的狀態來研判。如果是火力不足或排煙不良，就把豆子的進料量控制在三分之二，或是降低火力，以較多時間烘焙等等，改變各方面的操作方法。

無論如何，火力、排煙與時間的平衡，決定了味道的好壞，所以必須徹底掌握自家烘豆機的性能。就算採用二次烘焙，也不可能烘出超越烘豆機性能的成品。

如果以同樣的豆子、同樣的機器做基本的烘豆，每個人到都會式烘焙的品質還不太有差別。到了法式烘焙，因為溫度與風門控制這類改變口味的因素，在操作上比較困難，所以會出現個人差異。

如果烘豆機的排煙情況良好，口味的路線就比較廣，容易烘出有個人特色的豆子，但排煙不好的話，口味就會受到烘豆機限制。總而言之，小型烘豆機最重要的就是操控風門的本事。

Blend

以綜合咖啡豆創造口味

堀口咖啡研究所　堀口俊英

混合咖啡豆的目的

咖啡有「綜合咖啡」跟標示產地的「單品咖啡」，綜合咖啡會混合特定產地的豆子，創造新的口感。但不是胡亂把咖啡豆摻在一起就成，每個產地的咖啡豆都有其特色，而混合有兩個目的，也有基本的規則。其一就是「保持穩定的口味」、其二就是「創造新的口味」。

保持穩定的口味

喫茶店或咖啡店的客人，每次喝的綜合咖啡口味都要一樣，而店老闆每天都要沖煮相同的口味。

在咖啡豆專賣店也是，客人每次都會買綜合咖啡在家飲用。我認為享受綜合咖啡時，每次都要有一樣的口味，如果覺得今天味道不太對，那就不是好的綜合咖啡。

咖啡生豆是農產品，每年會受到氣候的影響。咖啡豆的生長期有沒有下雨，會大大影響當年的收成。人們為了穩定口味，至今已發明了各式各樣的混合方法。

綜合咖啡不論在什麼情況下，都要保持同樣的口味，這攸關客人對店家的信任。此外，影響咖啡口味最大的生豆，從進口到日本後，直到下一次進貨前，會不斷產生變化。以瓜地馬拉的高地咖啡豆為例，收成後進到日本大約是四月，其後在日本的倉庫度過濕氣較重的梅雨季與夏天，接著迎接秋天到冬天的乾燥季節。生豆的狀態便在這過程中不斷變化，所以咖啡的口味在四月、十一月，還有隔年二月都不盡相同。

雖然從前沒人注意到這種事，但如果我們嚴格地將咖啡當作農產品來看待，生豆的確會影響口味。這只要拿稻米或茶葉為例，大家應該就能瞭解。特別是精品咖啡，因為口味相當有特色，所以生豆的變化會給口感很大的影響。

因為原料生豆的口味無法靠著烘焙或沖煮來變換或補充，所以就有混合咖啡豆的技術。

產生新的口味

穩定的口味對綜合咖啡相當重要，不過創造新的口味也很要緊。

綜合咖啡的目的，在於創造單品咖啡難以表現的深度口感、全新的口味，以及自己想像中的味道。

咖啡在精品咖啡中的等級越高，就越有特色。譬如印尼的曼特寧、衣索比亞、肯亞等等就是其表徵，此外也有像瓜地馬拉那樣芳香怡人的咖啡。我們可利用這些充滿特色的咖啡豆，創造嶄新的香氣與口味，這就是創造性的綜合咖啡。

譬如你可以想到這些：

1. 香氣與口味要比單品咖啡更有深度。
2. 酸味、濃醇與香氣的適當平衡。

綜合咖啡就跟甜點師傅結合各種材料來創造新的口味一樣，我們要分析各種咖啡的口味、設想要發揮哪部分的特色、跟什麼口味結合、營造怎樣的口感等等。

我們不能呆板的以產地考量，要綜合斟酌產地加工豆子的方法、品種和烘焙程度等等，可說是多元化的設計工作。

混合咖啡豆的基本法則

混合咖啡豆有各式各樣的方法，有間公司的配方是哥倫比亞4、巴西3、瓜地馬拉2、坦尚尼亞1。不過各種豆子的資料各不相同，就算同是巴西，也會有不同產地、品種跟加工方法。如果你對配方中的各種豆子沒有知之甚詳，就無法做出口味穩定的綜合咖啡。

至今許多咖啡公司都把綜合咖啡的配方當作祕密，這實在相當可笑。如果對自家的綜合咖啡有信心，反而應該積極公開配方才對。

在精品咖啡的市場上，光標示用哪國的咖啡怎麼配，無法讓客人徹底瞭解其好壞。

往後的綜合咖啡應該要標示50%巴西喜拉多區（Cerrado）波旁種（Bourbon）咖啡豆與30%瓜地馬拉安提瓜地區的波旁種咖啡豆等等，對生產履歷應該要比以前更加講究。

1）混合不同國家的咖啡豆

一般來說，我們會混合不同國家的咖啡豆。

因為不同的生產國，口味的性質會有很大差異，所以藉由混合咖啡豆，更有可能創造出新的風味。當然，混合同國家不同生產地的豆子也未嘗不可。

> 例：混合巴西與哥倫比亞。
> 混合瓜地馬拉安提瓜地區與薇薇特南果（Huehuetenango）地區的咖啡豆。

2）混合烘焙程度不同的咖啡豆

烘焙程度有八個階段，基本上我們會混合相同程度的豆子。

不過烘焙程度的變化，會讓口感有微妙的改變，賦予它深度或沈穩的口味。因此混合烘焙程度有微妙差異的豆子，也並非不可能。但混合烘焙程度差太多的豆子，會互相抵銷它們的特色。

舉例來說，雖然中度烘焙與都會式烘焙的豆子可以混合，但中度烘焙與法式烘焙的混合就不太適當。以烘焙的程度來說，相差兩個階段還不成問題，但相差三個階段以上，豆子的混合會互相抵銷兩方的優點，最好不要這麼做。

> 例：雖然都會式烘焙可以混合法式烘焙，但都會式不可以混合義大利式烘焙。義大利式會蓋過都會式的香氣與口味。

3）混合加工方法不同的咖啡豆

水洗跟日曬的加工方式，會產生不同的香氣與口味，這種混合方式從以前就很常用。而且加工方式尚有半水洗跟半日曬等各項，我們也可以從其中思考要混合哪些種類。

> 例：用哥倫比亞與瓜地馬拉（水洗加工豆）混合巴西（半日曬加工豆）。

4）混合不同品種的咖啡豆

我們可以只混合蒂比卡（Tipica）種的豆子，也能在其中加入波旁種的豆子，此外用卡杜拉（Catura）種試試亦無不可，配方可以有相當多樣的發展。總而言之就是要試試看會變成怎樣的口感。

> 例：混合哥倫比亞的蒂比卡、巴布亞紐幾內亞的蒂比卡與多明尼加的蒂比卡。混合巴西的波旁種、衣索比亞的蒂比卡種與哥斯大黎加的卡杜拉種。

5）混合的比例

用於綜合咖啡的咖啡豆，沒有比例上的規定。

哥倫比亞1：巴西1：坦尚尼亞1也行、肯亞5：哥倫比亞4也沒關係。混合的比例並非一定要100%或10。

因為沒有規定，所以混合方式接近無限大，如此一來，對於咖啡的知識以及對口味的瞭解便會受到考驗。

如果要在綜合咖啡打上產地名，其產地的豆子最少要有30%，或是比例佔得最多。如果以「坦尚尼亞綜合咖啡」為名，混合比例可能會是坦尚尼亞4：瓜地馬拉3：巴西3。

> 例：藍山綜合咖啡如果是藍山2：古巴5：瓜地馬拉3就不行。多明尼加綜合咖啡如果是多明尼加4：薩爾瓦多3：巴西3便行。

6）混合的咖啡豆種類

最少要使用兩種咖啡豆才算綜合咖啡，雖然兩種可以，但為了要有多樣且穩定的口味，最好混合三到五種。如果六種以上，反而會喪失整體性，口味多半不太穩定。

> 例：混合可用哥倫比亞3：肯亞2：衣索比亞1：瓜地馬拉1。最好不要哥倫比亞3：肯亞2：衣索比亞1：瓜地馬拉1：巴拿馬1：巴西1。

精品咖啡的特色與性質

如果以口味的角度大致區分各產地的咖啡豆，會有以下的結果。

每個人必須以自己的觀點掌握各產地的特徵。

如果沒辦法做好這點，就無法做出好的綜合咖啡。我用以下的種類大致區分各國生產的咖啡豆，藉此思考配合的方向。

1. 擁有獨自特色的咖啡豆

曼特寧（印尼）	有香草味、熱帶水果風情，口感滑順。
衣索比亞	有成熟果實、紅酒、爽口的酸味、香甜的餘味。
肯亞	有莓果的味道、紅酒、紮實的酸味。

2. 溫潤濃郁的咖啡豆

哥倫比亞	巧克力般的香醇、柑橘般的酸味。
坦尚尼亞	柑橘類果實的酸味與濃郁風味。
巴布亞紐幾內亞	溫和口感、圓潤的酸味、濃郁風味。

3. 溫潤帶酸味的咖啡豆

瓜地馬拉	花香味，爽朗亮麗的酸味。
哥斯大黎加	紮實的酸味。
巴拿馬	紮實的酸味。

混合範例

範例中全用都會式烘焙。更高深的混合法才會配上法式烘焙的豆子。

以類型1的豆子為基底來混合

因為這種咖啡豆很有自己的特色，所以可以當成綜合咖啡的基底，也能添加10%左右製造提味的效果。因為當作基底最少得用30%，所以即便與其他豆子混合，也還充分保有其特色，這種綜合咖啡有資格稱為曼特寧綜合咖啡、摩卡綜合咖啡、肯亞綜合咖啡這類名字。

> 「濃郁亮麗的綜合咖啡」
> 曼特寧4：哥倫比亞3：瓜地馬拉2。
> 曼特寧4：哥倫比亞3：瓜地馬拉3：肯亞1。

哪種好喝要試過才知道。如果能運用其特色，產生嶄新的口味就算成功。

> 「充滿水果香氣，並有濃醇口感的綜合咖啡」
> 衣索比亞4：瓜地馬拉3：肯亞1。
> 衣索比亞3：瓜地馬拉3：坦尚尼亞1：肯亞3。

以類型2的豆子為基底來混合

這類型的豆子有溫潤的口味。

在溫潤的口感中加上酸味紮實或清爽的豆子，會

產生更加均衡的怡人口感。

> 「擁有濃郁口感與爽朗酸味，口味均衡的綜合咖啡」
> 哥倫比亞3：瓜地馬拉2：坦尚尼亞2。
> 哥倫比亞2：瓜地馬拉3：坦尚尼亞4：肯亞1。

因為不用特地將總和調成10，所以能想出更多配方。不過我們得先掌握各種豆子的特色，才能嘗試各種配方，做出最棒的調配。

以類型3的豆子為基底來混合

這類型的豆子，特色在於清爽的柑橘類酸甜風味。

> 「發揮清爽的酸味，舌頭上則留有甘甜餘味的綜合咖啡」
> 瓜地馬拉4：哥斯大黎加2：巴布亞紐幾內亞3。
> 瓜地馬拉2：哥斯大黎加1：巴布亞紐幾內亞1：衣索比亞1。

這裡的重點在於哪種豆子會留有甘甜的餘味。

以巴西咖啡豆為基底的綜合咖啡

巴西咖啡產量豐富，以往都是用來跟別的豆子混合以增加份量，但因為精品咖啡擁有各種特色，所以大家會用混合咖啡豆來發揮它的專長。巴西咖啡的特色基本上是濃郁並帶點酸味。現在因為多樣化的加工方法與品種，大家會以一種口味的豆子為主加以調配。巴西咖啡豆也常用於濃縮咖啡。

> 「香味爽朗、濃郁有深度並帶點酸味的綜合咖啡」
> 巴西5：衣索比亞4：瓜地馬拉1。
> 巴西3：衣索比亞3：瓜地馬拉2：坦尚尼亞2。

咖啡工坊HORIGUCHI的綜合咖啡

本店綜合咖啡的配方常因生豆的狀態而改變。但總之就是以心裡打定的口味為主，努力調配出所要的味道。

> 爽口綜合咖啡 中度烘焙
> 瓜地馬拉「聖卡塔利那（Santa Catalina）莊園」W 波旁種4
> 哥倫比亞「奧茲維德（Oswald）莊園」W 波旁種3
> 巴西「馬卡巴迪其瑪（Macaubas de Cima）莊園」SW 阿凱亞（Acaia）種3

此種口味較溫潤，有淡淡的酸味，適合不常喝咖啡以及喜歡清淡口味的人。本店十五年前以此種綜合咖啡為主力，但目前客人比較喜歡烘焙程度較深的咖啡。

> 品味綜合咖啡 都會式烘焙 2006年12月
> 瓜地馬拉「聖卡塔利那（Santa Catalina）莊園」W 波旁種3
> 哥倫比亞「奧茲維德（Oswald）莊園」W 波旁種2
> 坦尚尼亞「馬查列（Machare）莊園」W 波旁種1
> 巴西「馬卡巴迪其瑪（Macaubas de Cima）莊園」SW 阿凱亞種2
> 肯亞「汪哥（Wango）莊園」W SL種1

> 2007年3月
> 哥倫比亞「奧茲維德（Oswald）莊園」W 卡杜拉種1
> 坦尚尼亞「布萊克本（Blackburn）莊園」W 波旁種2
> 巴布亞紐幾內亞「席格立（Sigri）莊園」W 蒂比卡種2
> 肯亞「汪哥（Wango）莊園」W SL種1
> 盧汪達「卡林蓋拉（Karengera）波旁種1

此種咖啡雖然也有溫潤口感，但跟「爽口綜合咖啡」比較起來，口味比較紮實。雖然比較苦，但會留下爽口的酸味，濃郁的口味也讓整體更加甘甜。我想喝不慣咖啡的人，多半會覺得口味太重，但喝習慣的話，就會覺得這種烘焙程度的咖啡相當好喝。

> 濃縮綜合咖啡 全都會式烘焙
> 巴西「卡莫（Carmo）莊園」PN 波旁種4
> 哥倫比亞「奧茲維德（Oswald）莊園」W 波旁種3
> 肯亞「塔茲（Tatu）莊園」W 波旁種1.5
> 衣索比亞「耶加雪菲（Yirgacheffe）」W 蒂比卡種1.5

此為濃縮咖啡機所用的綜合咖啡，烘焙程度比「品味綜合咖啡」來得深。即便用濾滴式沖煮也相當好喝，香氣與口味都相當濃郁醇厚。

> 深烘綜合咖啡 法式烘焙
> 哥倫比亞「奧茲維德（Oswald）莊園」W 卡杜拉種1
> 肯亞「汪哥（Wango）莊園」W SL種2
> 巴西「卡莫（Carmo）莊園」PN 波旁種2
> 坦尚尼亞「布萊克本（Blackburn）莊園」W 波旁種2

這道綜合咖啡比「品味綜合」跟「濃縮綜合」更苦，但酸味較輕。適合喜歡重口味咖啡的客人，口味濃郁又有深度。跟十年前比起來，喜歡這種類型的客人變多了。

它也可以用在特調咖啡或冰咖啡上。

註）W是水洗、SW是半水洗、PN是半日曬的加工方式。

咖啡工坊HORIGUCHI的生豆

～受人矚目的生產國與莊園～

這些都是各生產國中頂級的莊園，我們大多會給對方最少買進一個貨櫃（250～300袋）的長期契約，保證莊園收入的穩定，但必須讓我方在日本獨家銷售。因此這些莊園的豆子在日本國內極為特殊，跟其他商家有相當大的差異。他們都是每年通過SCAA（美國精品咖啡協會）杯測85分以上的優秀莊園，基本上其高超的品質可以承受各種程度的烘焙，而照片則為店內推薦的烘焙程度。（註：杯測是指專家測試咖啡品質良莠與否，及品評咖啡原味的過程）

註：加工／W＝水洗、SW＝半水洗、PN＝半日曬、N＝日曬、蘇門答臘＝蘇門答臘式
　　品種／SL種＝波旁種、阿凱亞種＝蒙多諾沃種（Mundo Novo）中果實較大的基因、肯特種（Kent）＝蒂比卡的突變種

巴西「馬卡巴迪其瑪莊園」

莊園老闆瓜爾吉歐生產的咖啡豆，是喜拉多地區口味最柔和者。我們進口的豆子生長在莊園中可照到朝陽的最佳區塊，沒有巴西咖啡特有的土味跟焦味，可以享受到毫無雜質，清澈又溫潤的口感。現在進的貨是阿凱亞種，但去年已經請他們種植波旁種，預估三年後可收成。

SW　阿凱亞種　都會式烘焙

巴西「卡莫莊園」

它是米納斯（Carmo De Minas）地區的莊園，近幾年那區的咖啡豆口味相當棒，故受到大家矚目。因為產地地勢十分傾斜，海拔又高，因此可以採到紮實的豆子。這裡的豆子價格昂貴，雖然出現在美國的精品咖啡市場，但日本幾乎沒有進口。它的優點在於強烈的口感以及濃縮的風味，餘味則有溫潤的酸味與巧克力般的香甜。

PN　黃波旁種　都會式烘焙

哥倫比亞「奧茲維德莊園」

奧茲維德是哥倫比亞的模範莊園，他們以科學化的數據管理種植情況，所生產的咖啡豆受到許多精品咖啡烘豆商的喜愛。豆子的觸感比較黏，口感溫和柔順，酸味像柑橘般清爽。在美國由精品咖啡的專業貿易商皇家咖啡（Royal Coffee）進口，再賣給美國的精品咖啡烘豆商。

W　波旁種　都會式烘焙

瓜地馬拉「聖卡塔利那」莊園

它是瓜地馬拉安提瓜地區的莊園，這裡每年生產的咖啡豆口味都很穩定。今年他拿下安提瓜咖啡豆比賽的冠軍，成為安提瓜名副其實的頂尖莊園。莊園用GPS來分區管理，我們進口的咖啡豆種在標高1600公尺以上的專用區。他的咖啡豆有花朵般的香味、柑橘類的酸甜與沈穩的口感，風味相當均衡。即便採法式烘焙，口味也很穩定，可說是瓜地馬拉少見的咖啡豆。

W 波旁種 都會式烘焙

坦尚尼亞「布萊克本莊園」

莊園位於坦尚尼亞北部Karatu地區，這裡的豆子品質良好。它位於坦尚尼亞標高最高處，是生產優質咖啡豆的名莊園，曾在「東非咖啡協會」的比賽中拿下冠軍，並被認證為「北部最佳莊園品質咖啡」。清新的酸味有如葡萄柚一般，還有焦糖般的餘味，這種紮實的口感便是它的魅力所在。

W 混合波旁種與肯特種 法式烘焙

坦尚尼亞「香格里拉（Shangri-La）莊園」

香格里拉莊園位於坦尚尼亞北部的Karatu地區，這裡擁有壯闊的自然景色，並散佈著數家優質莊園。它與布萊克本莊園一樣，園內留有自然景色，也有大象或水牛行經的路徑。星巴克也向它大量採購。雖然酸味、餘韻跟口感的特色和布萊克本很像，但它的咖啡豆整體感覺較為沈穩。

W 混合波旁種與肯特種 都會式烘焙

衣索比亞「耶加雪菲 賀夫薩（Hafursa）」

耶加雪菲村位於標高2000公尺以上的高地，生產衣索比亞品質最好的咖啡豆。它在名為賀夫薩的工廠水洗處理，生產履歷相當清楚。餘味彷彿水蜜桃或葡萄，香甜的味道會一直留在舌頭上。烘焙程度採都會式較佳。

W 蒂比卡種 都會式烘焙

衣索比亞「耶加雪菲 迷霧谷（Misty Valley）」

這是耶加雪菲指定工廠的咖啡豆，與其他衣索比亞的豆子有根本上的不同。首先以人工挑選咖啡櫻桃，接著只有徹底成熟的咖啡豆才會拿來日曬乾燥。雖然是非水洗式的處理，但沒有一般咖啡豆發酵的味道，在世界精品咖啡市場獨領風騷，擁有很高的評價。特色是帶有水果味，以及宛如波爾多紅酒的風味與多樣的口感，還有紮實的酸味。

N 蒂比卡種 都會式烘焙

盧汪達「卡林蓋拉」

盧汪達這兩三年來受到美國非政府組織（NGO）的援助，加工方式從日曬轉為水洗，產出了優質的咖啡。這片產地在世界精品咖啡市場的頂端也受到極高評價。其中卡林蓋拉生產的咖啡，口感清澈溫潤，有櫻桃般的果香與極為溫和的清新酸味。

W 波旁種 都會式烘焙

肯亞「汪哥莊園」

肯亞出產的咖啡豆擁有世界最棒的口味，但價格跟其他產地比起來較高，日本幾乎沒有進口肯亞的精品咖啡。這座莊園與蓋茲布尼（Gethumbwini）莊園一樣，在精品咖啡市場上擁有世界級的好評。它有成熟果實的酸味，也有波爾多或南法紅酒的風味。口感強勁又濃郁，可說是相當有特色的咖啡豆。

W　SL28　都會式烘焙

肯亞「凱納姆伊（Kainamui）」

此為肯亞農會的咖啡豆。只跟小型農家收集完全成熟的豆子，再進行加工處理的工廠，在肯亞叫做factory，凱納姆伊便是這種工廠的名稱，而農會擁有許多這種工廠。它除了有強勁的口感外，同時還能享受清新的花香氣息、蜂蜜般的香甜以及清澈的味道。即便採法式烘焙也相當穩定，十分吸引人。

W　SL28　法式烘焙

印尼「林頓曼特寧（Lintong Mandheling）」

蘇門答臘的阿拉比卡咖啡豆稱為曼特寧，目前市面上的曼特寧，多半改種卡第摩種（Catimor），口味與原本的曼特寧相差甚遠。這種林頓曼特寧，是跟林頓湖附近的小農家收購而來，他們只種植樹齡70年的蒂比卡種。其特色在於絲絨般的口感、熱帶水果與香草以及灌木般的香味渾然一體，成為富有深度的口味。

曼特寧　蒂比卡種　法式烘焙

東帝汶「樂天福村（Letefoho）」

此地與日本的非政府組織Peace Winds Japan（PWJ）合作，以公平交易咖啡豆作為對產地的援助。PWJ的人員每年會去當地進行活動，像是重新開墾荒廢的產地、技術指導或以穩定的價格收購等等。這裡是留有蒂比卡種的珍貴地區，咖啡豆有清新澄澈的柑橘類香味，品嚐者可以感到溫潤柔和的口感，帶有甜味的餘韻也很有特色。目前由PWJ銷售中。

W　蒂比卡種　深烘焙

哥斯大黎加「布魯曼斯（Brumas）莊園」

此為哥斯大黎加代表性的超小型工廠，是哥斯大黎加唯一採半日曬加工法的莊園，可說是哥國最高級的咖啡豆。他們的咖啡有蜜蜂咖啡的名號，相當有名，品嚐者可享受它的餘味。因為酸味與口感較沈穩，因此烘焙程度建議為都會式烘焙。本店從05-06開始使用此豆。

PN　卡杜拉種　都會式烘焙

哥斯大黎加「拉格納（La Laguna）莊園」

在三水河（Tres Rios）這塊有名的優質產地中，拉格納是歷史最悠久的高地莊園。這裡以前是星巴克包下的區域，日本很少進口這裡的高級咖啡豆。本店特別請他們製成百分之百日曬乾燥的特別咖啡豆，清新的酸味與濃郁口感相當均衡。

SW　卡杜拉種　都會式烘焙